U0186520

精准
护肤

［韩］徐东惠◎著

孙羽◎译

江苏凤凰科学技术出版社

·南京·

굿바이 피부 트러블 © 2009 by Suh Donghye
All rights reserved.
Translation rights arranged by Segyesa Contents Group
through Shinwon Agency Co., Korea
Simplified Chinese Translation Copyright © 2021 by Phoenix–HanZhang
Publishing and Media (Tianjin) Co., Ltd.

江苏省版权局著作权合同登记 图字：10-2014-185 号

图书在版编目（CIP）数据

精准护肤 /（韩）徐东惠著；孙羽译 . — 南京：
江苏凤凰科学技术出版社，2021.5
ISBN 978-7-5537-9136-4

Ⅰ . ①精… Ⅱ . ①徐… ②孙… Ⅲ . ①皮肤 - 护理 -
基本知识 Ⅳ . ① TS974.11

中国版本图书馆 CIP 数据核字 (2021) 第 035171 号

精准护肤

著　　　者	［韩］徐东惠
译　　　者	孙　羽
责 任 编 辑	庞啸虎　向晴云
责 任 校 对	杜秋宁
责 任 监 制	方　晨

出 版 发 行	江苏凤凰科学技术出版社
出版社地址	南京市湖南路 1 号 A 楼，邮编：210009
出版社网址	http://www.pspress.cn
印　　　刷	文畅阁印刷有限公司

开　　　本	880 mm × 1 230 mm　1/32
印　　　张	6.25
字　　　数	176 000
版　　　次	2021 年 5 月第 1 版
印　　　次	2021 年 5 月第 1 次印刷

标 准 书 号	ISBN 978-7-5537-9136-4
定　　　价	35.00 元

图书如有印装质量问题，可随时向我社出版科调换。

自序 PREFACE

希望所有人都变成

今天这个时代，我们一觉醒来就会发现，周围充斥着无数新的信息。将这个时代称为"信息洪水时代"也绝对不算夸张。只要打开电脑，便可以随时获取所需的信息，我们忍不住要感叹：自己生活在一个如此便利的时代！

但是，在这些无数看似获取方便的信息里，想要找到真正正确的信息，却变得越来越困难。网上的信息缺乏严格的审核标准，也没有人可以为你判断正确与否。能否在众多的信息中选择真正有用的"瑰宝"，成为我们每个人都尤为重视的问题。

在为患者治疗的过程中，通过和患者们的交流，我发现错误的护肤信息，可能会给人的皮肤带来一辈子都无法修复的伤害。作为一名医生，看着那些投入了巨大的精力却不幸受伤害的患者们，我感到无比痛心。

我渐渐意识到，在无数的信息中，将好的、正确的信息提供给大众，是作为一名医生应有的使命。

近年来，不管男女老少，对"美丽"这一话题的关注越来越多。在激烈的社会竞争中，外貌似乎也成了人们获得成功的一个重要条件，人人都希望尽量让自己更漂亮一些。

与此同时，考虑到时间和费用的问题，不可能每个人都会将自己的美丽计划交给皮肤专家或整形医院。我们需要在日常生活中，通过自己的努力保持皮肤的健康。那么，到底应该怎么做呢？

要想让皮肤健康、美丽，护理的技巧很重要，但并不复杂。只需遵守以下几条基本法则，就可以轻松化身为拥有陶瓷般嫩白肌肤的美人。

1. 用"健康之道"护理娇肤

尽可能地运用所知道的知识，用健康的方法护理自己的皮肤。可是，关于护肤的知识数不胜数，我们很难判断正误。在这里，我提议大家谨记两句话——"知识就是力量"和"过犹不及"。遇到皮肤问题时，你可以通过本书中的内容，寻求正确的护肤之道。

2. 小投资，大回报

在皮肤护理的过程中，一味依赖昂贵的化妆品，也容易带来很多问题。想要拥有健康的皮肤，并不一定要投入巨大的资金。根据个人的实际情况，进行明智的投资，也能令皮肤焕发出动人的光彩。

3. 不要擅自决定

需不需要祛痘？需不需要涂软膏？需不需要服药……

想要有所行动之前，一定要得到正确的诊断。如果习惯性地擅自决定，很有可能造成令人后悔莫及的结果。因此，当皮肤发生问题的时候，一定要控制住自己焦虑的情绪，请专科医生准确诊断后再采取相应措施。

4. 随皮肤一样"善变"

护肤没有永恒不变的法则，昨天还很适合你的化妆品，也许明天就会变得不再适合。皮肤是十分善变的，我们要随时关注它的变化。

我们经常会碰到这样的情况：因为应酬到深夜，来不及卸妆就入睡；一连几天熬夜加班；在春季沙尘暴严重的情况下还要到户外工作……但遇到突如其来的皮肤问题时，一定不要慌张，大家可以从本书中找到有效的应对方法。

5. 养成皮肤护理的好习惯

人生中可能会遇到突如其来的好运，但是皮肤不可能在一夜之间变好或变坏。正如雀斑不可能一夜之间长在脸上；以前从没发现过的眼纹，也不可能一觉醒来就变得明显。只有平日里养成良好的护肤习惯，积极地进行皮肤护理，才能够拥有靓丽的水嫩肌肤。

　　针对以上五个原则，本书将介绍护肤过程中必不可少的习惯，以及必须掌握的知识。有了这些良好的习惯、正确的知识，相信每个人都能轻松护理自己的皮肤。

　　希望这本书中的内容，可以为你提供有用的帮助。最后，我还想感谢出版社的每位工作人员，感谢他们为这本书提供出版的机会，感谢他们一直以来对我的信任和鼓励。

徐东惠医生

目录 CONTENTS

好吃……

油性皮肤

能改变油光铮亮的皮肤吗

油光，恼人的油光……

　　事实上，并没有一个明确的标准可以用来判定哪些皮肤属于油性肤质。

　　不过，如果你的皮肤出油特别多，彩妆总是比别人掉得快，大致上就可以判定你的皮肤属于油性肤质了。

　　皮肤属于其他肤质的人们，往往很难理解油性皮肤带来的不便。

相信很多女性都会随身携带吸油纸。那么，你一天之中要用几张吸油纸呢？

1张？或者顶多2张？如果只用这么一点，你就应该暗自庆幸了，因为你的肤质算得上是被祝福、被羡慕的类型。

> 我认识的某位女性朋友，每次使用吸油纸的时候，整张纸都会被油脂浸透。短短1个小时，她脸上的油脂就能沾满整整一张吸油纸。毫不夸张地说，1盒100张的吸油纸，在她手里用不了1个星期就会全部用完。
>
> 这位朋友用遍了市面上所有品牌的吸油纸，还对各个品牌的吸油纸进行了分析比较，甚至只瞧一眼，就能立刻知道这种吸油纸是哪个牌子的。只要是有关吸油纸的知识，她都可以算是无所不知，所以她被称为"吸油纸达人"。

油性皮肤的正确化妆法

如果你属于油性皮肤一族，不妨跟我一起来看看善华的化妆方法吧。善华今年刚刚毕业，在一家著名的百货公司从事导购工作。下面让我们来看看，她是如何通过化妆来克服皮肤油光铮亮的难题的。

🔘 Step 1 妆前茶水洗脸，定期去角质

在化妆前的洁面阶段，她经常使用绿茶水来洗脸。用绿茶水洗脸，可以让皮肤的油脂分泌比平时减少一些，保持清爽。

另外，她会选择在适当的时机进行去角质护理，如周末等不需要出门的日子的前一晚。这是因为在去除角质之后，虽然皮肤的状态会明显改善，但是翌日，皮肤的油脂分泌反而会加剧，会让皮肤看起来更加油亮。去除角质可以有效防止老化的角质堵塞毛孔，避免产生青春痘。所以1周进行1~2次角质去除是比较合适的。

🔘 Step 2 让肌肤无"油"无虑的化妆品

现在就要正式进入化妆阶段了。首先，她选择的所有产品都是"无酒精"产品。

还有一点是无须再强调的，即油性皮肤者最好不要使用含油的产品。相信只要用过含油的化妆品，你就会直接体会到它与无油化妆品之间的区别。善华选择的所有化妆品，从乳液、隔离霜、粉底液，到粉饼或散粉，都是专门针对油性皮肤设计的。

在化妆的时候，应该最大限度地掩盖分泌的油脂，让整体妆容看起来不油亮。因为她的脸上有青春痘，所以如果用太厚的粉底，妆容效果反而会不太好——在脸上打上好几层粉底，厚厚地堆着，青春痘会更加明显。

对油性皮肤而言，使用遮瑕膏的效果比使用粉底液要好。因为粉底液的油分相对较多，所以会让油性皮肤看起来更加"油迹斑斑"。另外，粉底液很容易导致外界污染物附着在皮肤上，诱发更

多皮肤问题。不过，如果是在皮脂分泌比较旺盛的夏季，使用少量粉底液是没有关系的。这时最好选择具有调节皮脂功能，并且可以防汗、防水的粉底液。

遮瑕膏可以代替粉底液，不仅可以遮盖面部的瑕疵，还可以带来使皮肤具有光彩的效果。使用遮瑕膏之后，再使用散粉，可以保证妆容不易脱落。比起乳霜质地的遮瑕膏，遮瑕棒或遮瑕条的效果更好。在选择的时候，可以将各种颜色的遮瑕棒涂在自己的下颚或者额头部位，更直观地判断适合自己皮肤的颜色。此外，在选择散粉的时候，最好也要选择带有调节皮脂功能的产品。

🌑 Step 3 妆后摆脱油光的"诅咒"

在化妆3~4个小时之后，油光的"诅咒"就要正式开始了。如果这个时候再涂上一层粉底，或者用粉饼补妆，反而会让妆容看上去显得厚重，而且更容易引发皮肤问题。这时候，应该用吸油纸将皮肤油脂吸去，然后简单地补一下妆，以保证妆容能够持久一些。

善华在选择化妆品的时候，全都选择一个品牌的产品，同时非常重视对产品的持久使用。如果想要更换产品，不要立刻更换，也不要一下子将2~3种产品一次性全部换掉，应该逐步更换。因为化妆品成分的突然改变，也是引起皮肤问题的一个重要原因。

善华就是如此仔细地进行皮肤护理的，不过在这个过程中，她所经历的麻烦也是别人不能体会的。由于她的工作需要直接面对客户，所以每次去洗手间的时候，她都要带上化妆工具，这让她苦不堪言。

超有效的家庭护理法

善华在每次洗脸之后都会有皮肤紧绷的感觉，因此，她每天晚上都会进行补水护理。油性皮肤其实也会存在缺水现象，缺水严重的时候，还会引起青春痘、粉刺等皮肤问题，而且稍有不慎还会令皮肤的油脂分泌问题更加严重。

比起补水精华素，我更建议1周使用1次面膜。质地清爽的水质面膜要比传统的无纺布面膜更加适合油性皮肤。另外，如果过度使用含有酒精的产品来控制皮脂分泌，反而会夺取皮肤的水分，让皮肤产生紧绷的感觉。

油性皮肤比较容易附着污染物质，如果忽视了角质护理，还容易产生青春痘等皮肤问题，因此，毛孔清洁是必须重视的步骤。在选择洁面产品的时候，啫喱质地、水质或乳液质地的卸妆产品比膏状的产品更适合油性皮肤。卸妆后，再使用泡沫丰富的洗面奶洗脸。

市面上有很多针对油性皮肤的油状卸妆产品。这些卸妆油的油分洁面后不会残留在脸上，所以也是不错的选择。

洗脸的时候，先将带有调节皮脂功能的洁面产品挤于手上，黄豆大小即可，然后用温水揉出丰富的泡沫，接着仔细地清洁面部肌肤，最后一步则是用冷水清洗。像善华这样，用绿茶水洗脸也是一个不错的方法。不过，需要注意：用第一泡绿茶水洗脸容易对面部造成刺激，应该使用第二泡绿茶水。

另外，洗脸时水温不宜过高，否则会让皮肤变得干燥，还会使毛孔扩张。如果一开始就用凉水洗脸，虽然可以暂时收缩毛孔，但是很难洗净毛孔中的污垢。因此，应该先用温水洗脸，最后使用凉水清洗。

在洁面的过程中，最重要的一点就是二次洁面。可能很多美眉会皱起眉头，心生疑问："到底什么是二次洁面呢？二次洁面是不是单纯地用同样的洁面产品洗2次脸呢？"

答案当然不是。所谓的二次洁面，是指第一次使用卸妆膏清除彩妆和皮肤的老化物质，第二次再用洗面奶等产品，将第一次没有清除掉的残留物彻底清除。汗水和皮脂等自然分泌物属于水性残留物质，用水和洗面奶就可以洗干净；但是防晒霜和彩妆等油性的残留物质，光靠水和洗面奶是无法彻底去除的。因此，我们才需要二次洁面。

洁面技巧

（1）将眼部等重点彩妆部位清洗干净，减少对皮肤的刺激。

（2）先将双手搓热，然后使用卸妆产品在脸上轻轻按摩，这样能够提高卸妆效果。按摩时需要从内侧向外侧轻轻按压，注意不要刺激皮肤。

（3）洗面产品要在手掌中充分揉出泡沫之后使用。

（4）洗脸的时候一定要使用温水，充分地清洗干净，最后使用凉水清洗以缩紧毛孔。

需要注意的是，最佳的洁面产品，应该是在洗去多余皮脂和老化物质的同时，不会破坏角质层的脂质成分，从而维持角质层的健康，使其起到充当皮肤保护层的作用。

油性皮肤的人每周还应该进行1~2次深层清洁，或者使用磨砂产品，将角质、皮脂和老化物质等一起去除，防止毛孔变大。首先，用热毛巾在脸上热敷，帮助角质软化。然后，使用含有果酸、水杨酸等带有去角质成分的产品将毛孔深处的污垢充分去除，达到去除多余皮脂的良好效果。

特别需要注意的是，不要为了去除皮脂而用力地揉搓皮肤，这样会给皮肤造成强烈的刺激，还会破坏皮肤正常的保护膜，反而增加皮脂的分泌。

洁面后，选择可以调节油脂分泌的化妆水，并事先将它放在冰箱冷藏。冰凉的化妆水可以帮助收缩毛孔。另外，如果有粉刺和青春痘，可以使用专用的产品对症处理。如果心急地去挤压粉刺，反而容易造成二次感染。使用化妆水后，在眼睛周围和嘴角处涂上补水精华素，可以防止皮肤干燥和皱纹产生。乳液和面霜最好也选择质地清爽的产品。

真舒服……

用热毛巾在脸上热敷，帮助角质软化。

让你越来越丑的五大误区

谁都希望能够拥有明星般粉嫩无瑕的完美肌肤，可是油性皮肤的人常常整张脸看起来"油光可鉴"。如果一不小心踏入皮肤护理误区，让堆积在肌肤表面的油脂开始"欢腾"起来，毛孔粗大、痘痘高发等问题更是层出不穷。

误区1 **皮肤娇嫩，尽量不要使用去角质产品**

<u>真相</u>：错！肌肤细胞的代谢周期是28天，但年龄和气候的变化会影响肌肤代谢，同时，堆积的老、废细胞会令肌肤变得黯黑粗糙。定期去角质能让代谢周期变得规律，让肌肤重新回到自主代谢的良性轨道。

<u>清新攻略</u>：油性肌肤的人宜每周去角质2~3次。去角质的时候需重点关照出油多、角质粗厚的位置，力量要轻，手法宜慢。去角质的原则是"过犹不及"，要给皮肤自主修复和自我调节的时间，最好还能配合敷面膜，以加速角质细胞的更新和修复。

误区2 **多用香皂洗脸一定可以成功控油**

<u>真相</u>：错！普通香皂的碱性过强，洗后会令皮肤干燥，造成油脂分泌更多。

<u>清新攻略</u>：洁面皂含有普通香皂不具备的保湿、滋养成分，使用后不会令肌肤过于干燥。如果是两颊和眼周皮肤比较

细腻、薄弱的混合性肌肤，还是以温和的洗面奶和洁面皂配合使用，最能保证优质的清洁效果。

误区3 **含有酒精的柔肤水可以巩固清洁效果，还能控油**

真相：错！洗脸之后，皮肤湿润而娇嫩，若直接使用含酒精成分的柔肤水，会加倍带走皮肤表层水分，造成皮肤干燥紧绷。

清新攻略：含有酒精成分的柔肤水并非一无是处，它杀菌、净爽、收敛的功效其实都是油性肌肤所需要的。所以在洁肤后，建议先喷上保湿喷雾（另备），补充水分、镇静肌肤，再用化妆棉尽快擦拭含酒精的柔肤水，稍干后再擦上保湿啫喱，锁住水分。

误区4 **不想增加皮肤负担，只要擦柔肤水就足够了**

真相：错！洁面之后，皮肤表面油脂和水分都会减少，尽管皮肤会尽快分泌出新的油脂和汗液来自我保护，但这需要时间。况且夏天肌肤的水分蒸发速度快，单纯以水分灌注作为全部保养，显然是不足的。

清新攻略：大多数柔肤水都不具备锁住水分的作用，所以在补水后，还应擦上保湿啫喱或乳液，并使用收缩毛孔的产品，才算完成保养功课。

误区5 **彻底洁面后，就让皮肤透透气，什么也别用了**

真相：错！随着年龄增长，皮肤细胞会不断老化，需要给予适度营养。大多数时候，尤其是晚上10点之后，皮肤会进入更新修复的环节，如果利用得当，美肤效果就会加倍。

清新攻略： 洗脸后的2分钟内先擦柔肤水，之后擦上标有"无油"字样的保湿啫喱，它不会让皮肤感到紧绷、厚重，反而能持续输送水分到达皮下。如有需要，还可以在局部擦上美白精华液，或敷一片保湿面膜加强水分输送。

跟我一起做面部按摩

按摩可以促进血液循环，加快皮肤的新陈代谢，帮助皮肤保持健康的状态。油性皮肤也需要充分地按摩。可是，油性皮肤的人不适合使用油分过多的按摩膏，可以选择油性皮肤专用的润肤乳，或者质地比较轻盈的按摩油进行按摩。

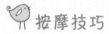

按一按！

按摩技巧

1.用手掌轻轻摩擦

在按摩开始或结束时，可以先将双手手掌轻轻摩擦至温热，然后轻轻地摩擦面部。这样可以加快皮肤的新陈代谢。

2.用四个手指按揉

将拇指以外的四个手指并拢，用指腹在面部像弹琴一样轻轻地按揉。这样可以放松面部肌肉，促进面部皮肤的新陈代谢。

3.用拇指进行按摩

用拇指指腹稍稍用力地按摩面部。这样可以刺激经络，起到助行气血的作用。

4.拍打

手指并拢，手掌保持中空，然后轻轻地拍打面部；也可以攥起拳头，用小指的侧面敲打面部。这样有助于促进血液循环，起到放松神经的作用。

5.用四个手指按压

将双手除拇指外的四个手指竖起来，用手指尖按压面部。这样可以刺激血管，促进血液循环。

美人每日自制面膜

绿豆清凉面膜

材料：牛奶30毫升，绿豆粉适量。

方法：（1）用牛奶与绿豆粉调成浓稠状的绿豆粉泥；（2）洗完脸后将面膜敷在脸上，可替代深层清洁面膜。

功效：可以深度清洁肌肤，而且具有清热解毒的功效，不过只适合中性或油性肌肤。

香蕉祛痘面膜

材料：香蕉半根，牛奶适量。

方法：（1）香蕉捣成泥，加入适量牛奶，调成糊状；（2）将面膜敷在脸上，10~15分钟后用清水洗净。

功效：可清洁皮肤，缓解痤疮。敷面膜后要用洗面奶认真清洁面部，否则香蕉泥容易堵塞毛孔，导致痤疮更严重。

青柠除油面膜

材料：蛋清少许，青柠檬半个，面粉适量。

方法：（1）将青柠檬挤压出汁，加入蛋清和适量面粉搅拌均匀；（2）将面膜均匀敷于面部，待完全干透即可洗去。

功效：青柠檬可以吸除多余油脂，富含的维生素C可以美白肌肤；蛋清则会使皮肤更加滑嫩、有光泽。

草莓滋润面膜

材料：草莓3个，乳酪、蜂蜜各适量。

方法：（1）先将草莓切成薄片，再蘸上适量乳酪和蜂蜜；（2）将草莓敷在脸上约15分钟后即可洗去。

功效：草莓可以清洁毛孔内的污垢并使皮肤紧致；而蜂蜜本身是一种可紧致皮肤、使面部光滑的面膜材料，加入乳酪，更能为皮肤带来充足的水分滋润。

木瓜收敛面膜

材料：木瓜1个，牛奶、蜂蜜各适量。

方法：（1）用汤匙挖出木瓜果肉，用搅拌机打成泥状，放在碗中备用；（2）将牛奶和蜂蜜慢慢加入其中，并搅拌均匀至糊状；（3）洗完脸后，将其均匀涂于脸上，敷10~15分钟后洗净。

功效：木瓜不仅能够清洁毛孔深处的污垢，还可以收敛毛孔。而且木瓜中的B族维生素还能够给予肌肤活力，舒缓疲倦，起到镇静肌肤的作用。

番茄嫩肤面膜

材料：番茄2个，蜂蜜适量。

方法：（1）将番茄洗净，压榨取汁；（2）将蜂蜜调入番茄汁中，若黏度不够可加入少许面粉调成糊状；（3）睡前洗脸后，将面膜涂于脸部，20~30分钟后用清水洗去。

功效：番茄中富含维生素和番茄红素，不仅嫩肤效果好，还有抗氧化的功能。需要注意的是，由于番茄中含有大量的果酸，容易刺激皮肤，在敷此面膜时，如感觉不适，应立即停止使用。

❖ 温馨小贴士

（1）自制面膜所用的材料必须新鲜，不含人工添加剂。制作时量不宜过多，一定要现用现做，才能发挥天然面膜的最佳功效。

（2）制作时，先洗净双手，所用的器皿都要彻底洗净或消毒。

（3）对于皮肤敏感的人，天然面膜很容易引起过敏反应，因此使用前，宜先将少许面膜涂在手臂内侧，确定安全后再涂在脸上。

（4）敷完面膜后，宜用温水和洁肤棉最少洁面3次，因为残留在皮肤上的面膜，很容易诱发过敏反应。

肌肤变"诅咒"为"祝福"

日常生活习惯也和油性皮肤的形成有很大关系。如果经常过度饮酒，皮肤的再生及修复能力就会下降，皮脂分泌会增加，则很容易诱发各种炎症。

油分过多的化妆品以及灰尘、皮肤代谢物都会覆盖在皮肤表面，阻碍皮肤的再生。因此要尽量避免不卸妆就睡觉。在晚上10点到凌晨2点之间，应该尽可能地保持睡眠状态。另外，压力过大也是造成皮脂过度分泌的一个重要因素，所以应该尽量保持轻松的心情，让生活尽量悠闲一些。

很多人都很喜欢蒸桑拿。大家一般认为，蒸桑拿可以让人体大量排汗，帮助皮肤的代谢物质排出体外。其实，频繁蒸桑拿会让皮肤的水分过度流失，反而会造成皮肤的干燥，还会令毛孔变大，所以不宜频繁蒸桑拿。

有一个成语，叫"过犹不及"。适当地去除皮脂当然是一件好事，但是如果过度去除，反而会引发皮肤问题。平时注意对皮肤补充营养，可以减少皮脂的生成；而过度去除皮脂，反而会使其生长得更快。

也许脸上的过多皮脂会让人心情不悦，但是"有失必有得"，油性皮肤者和干性皮肤者相比，比较不容易发生过敏反应。而且油性皮肤中的皮脂可以延缓皮肤水分的流失，让皮肤表面看起来润滑、有光泽，也不容易产生皱纹。尤其在寒冷、刮风或者干燥的季节，油性皮肤往往也具有更强的抵抗力。另外，油性皮肤还有一个优点，就是皮肤衰老的速度比干性皮肤更加缓慢。

如果皮肤油脂分泌过多，导致生活或工作不便，可以到皮肤专科进行药物治疗。

目前，世界上还没有一种能够彻底消除皱纹的药物，如果想维持一张青春的面容，油性皮肤者比干性皮肤者具备更好的先天条件。从这个角度来看，油性皮肤不仅不是一种"诅咒"，反而是一种"祝福"了。

干性皮肤

只需补水就够了吗

皮肤好干哦，
我喝喝喝……

如果皮肤遭遇"旱灾"，并不是简单依靠补充水分就可以彻底解决的。

干性皮肤表面的紧绷并不会因为补水就立刻得到改善，即使使用柔肤水，干燥情况也无法改变，甚至会出现皮肤刺痛的情况。

脸上的白色角质十分严重，而保湿产品带来的效果也只是一时而已。

一到下午，皮肤便开始变得紧绷起来，即使稍微笑一笑，眼角和嘴角也会产生皱纹。

"干性皮肤有什么大不了的，不就是缺乏水分，面部有些紧绷吗？市面上不是有很多功能不错的保湿化妆品吗？用补水精华素，加上含油分高的面霜，偶尔再做做面膜……不就可以轻松解决问题了吗？"

生活中的善珠是一个很乏味的人，她的皮肤也同样遭遇了"旱灾"。看上去，她的身心都需要补充水分了。她体形偏瘦，说话时总是有气无力的，给人一种无趣感。我问她为什么要到皮肤科来，她说自己的皮肤干燥已经不是护肤上的问题了，而是一种生存问题。对她而言，干燥已经是一种疾病，而不仅是肤质的问题。

长期接触二手烟，会使皮肤更容易起皱纹、老化，并且降低皮肤的耐受度。

　　在善珠候诊的时候，我们的护士首先劝她喝下一杯温水。"喝水有什么用呢？"善珠问道。护士无奈之下，只能告诉她这是改善皮肤干燥的药物。实际上，化妆品只能从外部护理干燥的皮肤，摄入水分却能滋润身体。如果想要拥有水润的皮肤，必须先保持身体内部的水润状态。

　　善珠自从到皮肤科就诊以后，每天都随身携带一个水壶。医生一般建议大家1天至少喝8杯水，但是根据个体差异，也无须喝水喝到腹胀的程度。为了皮肤健康，最好的饮水方法是每次少量饮水，但保持每天应摄入总量（成年人每天饮水量宜控制在1500~1700毫升）。

　　很多人都知道，被暖风机的热风直吹会使皮肤失去水分。实际上，吸烟和过量饮酒也会促使皮肤流失更多的水分。二手烟对皮肤的危害不亚于直接吸烟。

　　为了摆脱二手烟对皮肤的危害，最好随身准备一个便携的面部喷雾，随时喷脸，以改善皮肤的干燥状况。在感到皮肤干燥的时候，即使不卸妆，也可以使用这种喷雾。

干性皮肤的日常护理

　　造成皮肤干燥的原因其实很简单，就是水分不足。但是，想要解决这个问题，需要改变的习惯可不止一两条。首先从洁面步骤来看，早上洗脸的时候不一定非要使用洁面产品（皮脂分泌过旺的油性皮肤另当别论）。

干燥或者敏感肤质的人，早上只需要用清水洗脸即可。洗脸的时候不要用力搓洗，而是轻轻地把水浇在脸上。洗脸的水也要使用温水，在寒冷的冬天，也不要用很热的水洗脸，因为用热水洗脸反而会直接带走皮肤更多的水分。

洗脸之后，需要保持面部残留的一些水分，然后使用柔肤水和乳液搽脸，这时需要注意使用的柔肤水里是否含有酒精。含有酒精的柔肤水会伤害原本就很脆弱的皮肤天然保护膜，对皮肤造成伤害，干性皮肤者应尽量避免。涂抹含有油分的面霜，可以形成一层保护膜，减缓面部水分的蒸发。

为了促进皮肤新陈代谢，还可以在使用面霜之后配合轻柔的按摩。按摩时手指不要过于用力，要利用手腕的力量轻轻地操作，帮助皮肤更好地吸收护肤品。按摩的时候需要从下往上按摩。

为了预防细纹，需要在眼部或嘴部周围等皮肤比较脆弱的部位使用专用的护肤产品。另外，1周敷2次面膜，也会有很大帮助。感到皮肤紧绷的时候，可以使用热精油面膜。做法是将精油加热后滴在脱脂棉或纱布上，在眼睛或嘴边敷上10分钟；也可以使用香蕉或蜂蜜等制作天然面膜，帮助去除角质和补充水分。

干性皮肤者除了日常注意保湿外，也要多涂一些滋润成分较高的润肤品及精华素。每隔2～3天使用保湿性较高的面膜敷脸1次。

有助于去除角质和补充水分的天然面膜

香蕉蜂蜜面膜

材料：香蕉半根，蜂蜜适量，面粉少许。

方法：（1）将半根香蕉用搅拌机搅成泥状，和适量蜂蜜混在一起；（2）放入少许面粉，让面膜有一定的黏性；（3）在脸上厚厚地涂上一层，15分钟后用温水洗净。

功效：香蕉不仅可以补水，还可以增加皮肤的弹性，让皮肤看起来更有活力；蜂蜜具有很好的滋润保湿功能，是肌肤的天然保养品。

蛋奶土豆面膜

材料：土豆1个，鸡蛋1个，牛奶适量。

方法：（1）将土豆洗净去皮，用搅拌机打碎成泥状，鸡蛋用过滤勺分离出蛋清与蛋黄；（2）把蛋黄和土豆泥混匀，加入适量牛奶，用搅拌棒或筷子搅拌成糊状；（3）将糊状混合物稍微加热后继续搅拌均匀，轻轻涂敷在脸上，15分钟后用温水洗净。

功效：可为干燥的肌肤补充水分，有效改善肤质，使肌肤变得更加光滑水嫩。

红酒蜂蜜面膜

材料：红酒少许，蜂蜜少许。

方法：（1）将红酒和蜂蜜按照1：2的比例混合，浓度调制合适后涂在脸上；（2）15分钟后，用温水洗净。

功效：红酒和蜂蜜都具有很好的保湿功能，还具有清洁效果，可以去除面部的代谢废物，让皮肤更加清爽。

自制纯天然补水面膜，让肌肤清爽水润每一天！

苦瓜芦荟面膜

材料：苦瓜1根，芦荟1截，面膜纸1张。

方法：（1）将新鲜苦瓜和芦荟肉切碎，放入搅拌机搅碎后，在脸上厚涂一层，为了防止其滑落，可在上面加上一张面膜纸固定；（2）15~20分钟后将面膜洗去。

功效：苦瓜清热解毒，芦荟消炎败火，两者都具有强大的补水功能，使用后肌肤变得水嫩透亮，非常适合作为晒后的修复面膜或睡眠面膜。

黄瓜蛋清面膜

材料：小黄瓜1根，蛋清、白醋各适量。

方法：（1）将黄瓜洗净、去皮、切块，放入榨汁机中榨取黄瓜汁，倒入容器中，接着将其与蛋清、白醋一起搅拌成糊状；（2）洁面后，用热毛巾敷脸片刻，接着将面膜均匀涂抹到面部，10分钟后洗净即可。

功效：白醋可以软化角质，蛋清则能使皮肤细滑柔嫩，小黄瓜为肌肤补充所需水分，令肌肤变得更加水润。

给肌肤充足的水分

摄取充足水分的重要性，无论怎么强调也不为过。想要维持皮肤的健康，补水是必不可少的。

随着年龄的增长，人体内的水分会慢慢流失。过了20岁，保持皮肤湿度的汗腺和油脂腺的功能就会开始下降，皮肤表层也会开始变薄，保水的能力就会变弱。

正常皮肤的角质层中含有10%~20%的水分，能够保证皮肤的弹性和柔软度。可是，由于老化、激素分泌等各种问题，当角质层的含水量降到10%以下的时候，中性皮肤也会变成干性皮肤。因此，如果我们每天不能摄入充足的水分，皮肤细胞和体内其他细胞就容易失去水分，导致皮肤干燥和老化。只有摄入充足的水分，才可以保证皮肤甚至是身体的健康，还能够达到减肥的效果。

此外，身体在不缺水的情况下，才能促进皮肤代谢废物的排出，有助皮肤抵抗外界空气的污染和紫外线的伤害，增加皮肤的抵御能力，从而预防污染物附着造成的皮肤问题。

不过，如果饮用的不是水，而是饮料，就难以达到理想的补水效果。如咖啡、碳酸饮料等具有利尿的作用，如果喝它们替代喝饮用水，反而会增加水分的排出，造成皮肤干燥。

为了给皮肤提供充足的水分，可以饮用纯净水或者有助于调节人体电解质平衡的离子饮料。需要注意的是，味道过甜的离子饮料和碳酸饮料一样，不能为身体补水。

如果皮肤极度干燥，角质像白色的鳞片一样，并产生瘙痒的现象，就需要到皮肤专科医院进行诊治。皮肤过度干燥的时候，有可能转化为皮炎，千万不能忽视。在这种情况下，首先应该遵照医嘱，使用氨基比林类药物或可以改善皮肤干燥的外用类固醇药物，或者服用口服药等。当皮肤角质化严重的时候，可以使用乳酸或果酸保湿剂。

即使没有患皮炎，当皮肤干燥、角质过多以致影响化妆效果的时候，可以选择天丝棉面膜护理，以在短时间内获得很好的保湿效果。天丝棉面膜保湿力强，可在舒缓皮肤的同时补充水分，在市面上就可以买到。

过量补水可能适得其反

有些人为了给皮肤补水，喜欢使用蒸汽熏蒸面部或使用面部补水喷雾。但是如果频繁使用，反而会伤害皮肤原有的保护膜，让皮肤变得干燥；如果补水过度，也会让角质层的保护能力减弱。

一天中多次洗脸也会令皮肤干燥，尤其一些洁面皂或洗面奶中清洁成分的含量比补水成分更高，使用这样的洁面产品会加剧皮肤的紧绷感。干性皮肤应该尽量使用含有纯天然成分的产品。

说到皮肤补水问题，让我们进行一个假设，如果将复杂的问题简单化，是不是只要天天把皮肤浸在水里就可以达到补水目的了呢？让我们来看看振豪的例子吧。

振豪的容貌靓丽程度不亚于演员，第一眼看到他的时候，我还以为他是一名模特。振豪的职业是游泳教练，他每天早上7点开始上班，每上2个小时课便休息1个小时。到了夏天，晚上还要上课，有时候要一直工作到晚上9点。

振豪一天的大部分时间都泡在水里，皮肤是不是应该特别水润呢？听起来理应如此。可是，振豪到皮肤科就诊的原因，却是皮肤干燥症。由于长时间泡在水里，他的皮肤反而变得干燥，再加上长时间接触游泳池里含氯的水，更加速了皮肤的干燥。

即使不是游泳教练，大家也应该格外注意游泳后的淋浴环节。用流动的水将身体洗干净之后，要使用精油或身体乳液，以防止身体水分的蒸发。如果是儿童，则要更加注意，儿童的皮肤比成人更加脆弱，所以沐浴后不仅要使用儿童专用精油，还要使用身体乳液。

如果在每次课程间隙，振豪能够先去淋浴，他的皮肤干燥症就可以得到很大程度的缓解。淋浴的水温保持在15℃最为适合，过高会令皮肤失去水分和油脂，变得更加干燥。此外，医生还建议振豪在洗浴后3分钟以内使用保湿产品。以前，他总以为男性没必要使用身体乳液，不过，随着使用后皮肤的明显改善，现在振豪尤其注意使用身体乳液。

世界上没有一成不变的皮肤类型。随着季节的变化，身体状况和生活环境的变化，肤质也会改变。因此，我们需要随时掌握自己的皮肤状况，根据不同的状况进行适当的护理。

只有在生活中改掉不良的生活习惯，干性皮肤才可以获得明显的改善。换季的时候，尤其需要注意补水，可以在白天使用适量的面部补水喷雾，晚上进行面部补水按摩。不过，需要注意"过犹不及"的原则，如果人为地补充过多水分，反而会让皮肤的再生功能下降，有可能引起更严重的皮肤干燥。在补水的时候，应该谨记"适量"原则，以保证皮肤健康水润的状态。

护肤课堂3：

美白
一白遮三丑

摆脱黑皮肤的烦恼，
丑小鸭也能变白天鹅。

　　很多人认为，西方人的皮肤比东方人的更加亮白，但对抗紫外线的能力比较弱，因此更容易产生色斑。实际上，东方人比西方人更容易长斑。

　　理由非常简单，色斑是黑色素细胞为了保护皮肤免受紫外线的伤害，合成过多的黑色素而产生的一种皮肤疾病。因此，与黑色素细胞数量较少的西方人相比，东方人会更容易产生色斑。

　　很早以前，韩国人评价美女的一个重要参考条件就是是否拥有白皙的肌肤。因为我们是黄种人，所以皮肤很容易就会显得偏黄。贵族家的小姐们不能随便出门，所以她们的皮肤看起来总是干净白皙；相反，穷人家的女孩儿总要在太阳底下种地劳动，所以她们的肤色看起来总是黑黝黝的。不知道是不是这个原因，人们往往将肤色与财富、地位联系在一起。

　　那么，生下来就皮肤白皙的白种人，是不是就没有皮肤方面的烦恼了呢？当然不是！上天总是公平的，虽然白种人的肤色较白，但是相对地，他们的皮肤很薄，非常容易产生皱纹，和黑色皮肤的人相比，更容易衰老。

　　另外，因为肤色比较亮，所以白种人面部的杂质或红点等色素沉着更引人注目，很容易显得面部不够干净。相反，肤色较暗的人比较不容易出现色素沉着，不过，一旦受伤，皮肤就很容易残留疤痕。

只要漂亮不要痣

　　依靠现代医疗技术，虽然很难让黑皮肤的人变成白皮肤的人，却可以让人们的肤色变亮，让脸庞看起来更有光泽，同时还能够让色素沉着、黑痣等"不速之客"消失，达到锦上添花的效果。

我的病人中有一位叫敏贞的女孩。为了准备公司的面试，她将脸上的所有黑痣都点掉了。她刚开始以为只需要将脸上的5~6个黑痣去掉就万事大吉。

不过，仔细观察之后，我发现她的脸上有20多个很小的黑痣。虽然这个数量和其他患者的相比，并不算很多，但是仍然远远超出她心理能接受的数量。听了我的话，她拿出镜子仔细地看了又看，才发现脸上没注意到的一些小斑点，其实也是色素沉着造成的。

敏贞先后进行了4次治疗，才彻底消除脸上的黑痣。令她没想到的是，只是去掉黑痣就能够让自己拥有如此大的改变，因此感到十分满意。

痣是痣细胞聚集在一起形成的，既可以是先天形成的，也可以是后天形成的。痣的数量根据年龄的差异有所变化。一般来说，随着年龄的增长，痣的数量会不断增加，但是，平均数量达到40~50个之后，或者人到中年以后，数量便不会继续增长。

除了黑色以外，痣还会呈现棕色、红色、蓝色、白色等多种多样的颜色。有的会凸出来，也有的表面比较粗糙。另外，除了外表可见的区别之外，不同的痣在皮肤内部的深度和形状也各不相同。因此在治疗的时候，有可能出现痣越治越大的情况，治疗的次数也会随之发生变化。

有效祛斑变美丽

随着轮滑、高尔夫、滑雪等室外体育运动的普及，女性们最容易产生的皮肤问题便是色斑。在20多岁的女性中，出现色斑的情况也变得越来越多。

我们很难用肉眼直接区别色斑和其他色素性疾病。很多人认为，色斑就是单纯的色素沉着，会将其他的色素问题误以为是色斑问题。色斑经常出现在颧骨等突出的部位，会在面部左右对称出现。仔细观察，就会发现色斑经常成片地连在一起。产生色素的原因有很多种，其中最重要的一点就是紫外线的影响。除此之外，妊娠、压力、激素、体内疾病等，也是引起色斑的原因。

不过，东方人中皮肤比较亮白的人，色斑情况和西方人也是不同的。这些人虽然皮肤像西方人一样亮白，但并不具有西方人皮肤的所有特征。因此，如果你属于东方人中皮肤比较亮白的类型，那么就需要比皮肤黑的人更加注意色斑、色素沉着等问题，平时一定要特别注意防晒。一旦色斑产生，就很难彻底地清除干净，所以每天的皮肤护理必不可少。

雀斑是一种和色斑类似的色素性疾病，也似乎是童话故事中主人公脸上最常见的。如果绿色屋顶家的安妮、凯蒂、长袜子皮皮等童话主人公的脸上缺少了雀斑，总会让人感到少些什么似的。也许，雀斑在童话故事中总被认为是可爱的象征。在现实世界中却不是这样的，对于肤色较黄的东方人来说更是如此。

雀斑和色斑不同，雀斑的直径一般在3毫米以下，大多呈现褐色或暗红色的斑点状，像芝麻一样出现在脸上。雀斑主要出现在接触紫外线最多的鼻子、脸颊、额头等部位。一般5岁左右开始出现，到了青春期的时候变得严重，随着年龄的增长会变得模糊，也有可能消失。

雀斑=可爱？！

先天的遗传因素是雀斑产生的重要原因之一，不过紫外线也是形成雀斑的重要原因。因此，平时需要认真做好防晒工作，多吃柠檬、猕猴桃等富含维生素A和维生素C的食物，可以起到防治雀斑的作用。但是，如果雀斑的情况已经非常严重，建议到皮肤专科进行对症治疗。

面部杂质是另一种色素性疾病。它由紫外线照射形成，或者是皮炎、毛囊炎、外伤等愈合后形成的痕迹。如果对皮肤没有任何保护措施，任其暴露在紫外线照射下，时间长了，面部或手部就会出现棕色的斑点，这些面部杂质在25~35岁时便会明显起来。

面对面部杂质，一般人只会用化妆品进行掩盖。虽然也有一些患者会来皮肤科治疗，但是大多数人都认为为了这么个小小的问题接受激光治疗，不太必要。不过，如果能够消除面部杂质，整个脸部看起来就会有明显的变化。如果想要节约时间和金钱，可以选择具有美白功能的化妆品进行护理。虽然这样做无法短期内获得非常显著的变化，但是日久天长，仍然可以让面部渐渐变得亮白起来。

拥有白皙肌肤很简单

只要在日常生活中遵守美白的原则，人人都可以获得白皙的肌肤。

Step 1　认真清洁

首先需要认真地清洁面部，然后有规律地去除角质，帮助美白产品更好地被肌肤吸收，这是最基本的美白原则。

Step 2　保证充足的水分

体内应该保证充足的水分，这样才能促进代谢废物及时排出体外，让血液循环和组织液循环更加顺畅。充足的水分还可以防止黑色素沉着，防止皮肤暗沉粗糙。

Step 3　保证足够的睡眠

在此基础上，充足的睡眠也能够保证身体保持最佳的状态。俗话说，吃得饱、睡得着才是健康。在保证营养均衡的基础上，充足的睡眠，以及规律地排便，都是健康的基础。夜晚10点到凌晨2点是肌肤修复和再生的重要时刻，最好保证足够的深度睡眠时间。

Step 4　补充维生素C

可以选择多食用富含维生素C的花椰菜、菠菜等蔬菜以及草莓、猕猴桃等水果。当年龄增大以后，还可以选择富含维生素C的化妆品，这些都有美白效果。

精准护肤

这里需要再次强调的是，造成色斑和雀斑等色素性疾病的最大原因，就是皮肤长期暴露在强烈的紫外线之下。如果长时间暴露在紫外线照射下，皮肤的紫外线防御机制就会启动，黑色素细胞的活动就变得频繁起来。另外，已经产生的色素在接受紫外线照射以后，还会变得更加严重。

因此，防晒是美白护理中最重要的步骤，外出的时候一定要注意防晒。

Step 5　进行集中的美白护理

最后，我还要建议那些愿意为护肤付出辛勤努力的人们进行集中的美白护理。如果受色斑或雀斑困扰，可以使用浓缩的精华素或护肤产品进行集中护理。

需要注意，在基础护肤阶段，如果使用的产品品种过于复杂，很可能妨碍美白产品的吸收。此外，如果护肤品的成分过于复杂，也很可能引起刺激性皮炎。遇到这种情况，应该立即停止使用相应产品，找专业的医生进行治疗。

通过以上方法，可在某种程度上防止色斑、雀斑、痣、面部杂质等继续增多，但是，已经长出来的很难靠个人护理彻底消除。大家需要铭记一点，如果以前疏于皮肤护理而产生了色素问题，一定要找专科医生对症解决。

在家自制美白面膜

豆腐蜜糖面膜

材料：豆腐1小块，蜜糖1汤匙，面粉适量。

方法：（1）先将豆腐捣成泥状，然后把蜜糖加入豆腐中，并加入面粉调成糊状；（2）洗完脸后，将面膜均匀涂于脸上，敷约20分钟后洗净。每周使用2次即可。

功效：豆腐中含有的丰富大豆异黄酮可以美白皮肤，并具有淡斑、保湿、改善毛孔粗大等功效。

珍珠E面膜

材料：珍珠粉少许，维生素E1颗（药店出售的即可）。

方法：（1）将维生素E挤出来，加入少许珍珠粉，再用纯净水调成糊状；（2）洁面后，将面膜涂于脸上，敷20分钟后洗净。

功效：珍珠粉具有消炎、美白的功能；维生素E具有祛黄淡斑、抗氧化的功效，是美容护肤的必备品之一。

西瓜蜂蜜面膜

材料：西瓜皮1片，蜂蜜适量。

方法：（1）把西瓜皮的白色部分捣成汁，加入适量蜂蜜调匀，置于面膜纸上；（2）洁面后将面膜敷在脸上，20分钟后洗净。

功效：西瓜内含有的氨基酸和矿物质具有美白补水、镇定肌肤的作用。

柠檬面粉面膜

材料：柠檬汁1汤匙，面粉2汤匙。

方法：（1）将柠檬汁和面粉混合，加入适量水拌匀；（2）用勺背将面膜厚厚地涂在脸上，静待10~15分钟，面膜变硬之后，用温水洗净，再用冷水清洗。

功效：柠檬所含的维生素C可以有效去除角质，同时具有很好的美白功能。

柠檬牛奶面膜

材料：柠檬汁1汤匙，牛奶2汤匙。

方法：将柠檬汁和牛奶充分混合之后，用指尖蘸上混合物均匀地涂在脸上。往脸上涂面膜的时候，手指不要用力，而是使用手腕的力量柔和地进行按摩。

功效：柠檬所含的维生素C可以淡化色素，令皮肤变得更加光滑；而牛奶中的成分可以对肌肤起到镇定作用。凉牛奶还可以让皮肤变得紧致，同时具有修复晒后皮肤的效果。

在家里自己动手做面膜，经济又实惠，美白效果还很好呢！

求之有道的医学疗法

近10年来，对皮肤护理感兴趣的人越来越多，医学界也研制出了很多全新的皮肤病治疗方法。新的激光疗法也被运用到治疗过程当中。但是激光治疗在保证效果的同时，会存在很大的副作用，所以运用前必须咨询专业医生。

我们不应该机械地认为，有了雀斑就应该接受某种激光治疗，长了面部杂质就应该用某种激光治疗，这是不正确的想法。

事实上，现在关心护肤的女性们，多少都会知道一两种激光疗法的名称。很多患者在来到皮肤科之前，其实心里就已经决定好要做哪些激光治疗。对那些一进门就问"做3次光子嫩肤治疗要花多少钱"的患者，身为医生，我真不知道该如何应答才好。

除了广为人知的光子嫩肤治疗以外，能够治疗色素性疾病的激光方法还有净肤激光、黄激光、祛斑美肤等。即使是相同的方法，针对不同的色素沉着位置和状态，效果也会有所不同，因此必须咨询专业医师后再选择适当的治疗方法。

激光治疗后，色素会暂时变深，过一段时间就会逐渐变好。

此外，在接受激光治疗之后，色素会出现暂时变深的情况，经过一段时间才会逐渐好转。因此，不要因为治疗后没有看到明显的效果而感到伤心，而是要做好耐心等待结果的心理准备。

护肤课堂4：

毛孔
生活习惯"拯救"毛孔

粗大的毛孔让肌肤看上去凹凸不平，不够细腻和光滑，这一直以来都是我的烦恼。

我们的脸上有2万多个毛孔。

毛孔不是排汗孔，而是用来生长毛发的，皮脂就是从毛孔中分泌出来的。

青春期是毛孔分泌皮脂最为活跃的阶段，毛孔会因此变大。

毛孔一旦变大，很难再缩小，所以从青春期开始就应该注意进行毛孔护理，让皮肤更加细腻紧致。

随着互联网和新媒体时代的到来，人们搜集自己想要的信息变得越来越容易。以前在书本上都找不到的信息，现在随时能在网上搜索出来。想要解决毛孔问题，网上介绍的方法更是数不胜数。

只要在网上搜索一下，就会出现成千上万条缩小脸颊和鼻子上毛孔的方法。不过，只靠这些方法进行护理是不行的。有的时候，专心使用一种方法比同时使用几十种方法更有利于皮肤护理。

根据自己的皮肤状态，选择适当的方法，进行细心的护理，才是拥有好皮肤的秘诀。对于一旦扩大就不易再缩小的毛孔更应如此。

来到皮肤专科治疗的患者们，不仅关心自己的症状，也非常关注日常皮肤护理的方法。患者们对于皮肤护理的问题各种各样，很难一一列举。我将众多疑问汇总起来后发现，毛孔问题是很多人都关注的。

> 27岁的知妍每次上洗手间都要花10分钟以上。不过，她长时间逗留在洗手间里的理由却和别人不同。其实，她是借助洗手间的灯光，在镜子中仔细地观察自己的脸。难道她有过度自恋的倾向吗？事实并不是这样。
>
> 知妍频繁地照镜子，并不是过分迷恋自己的美貌，而是对肉眼清晰可见的巨大毛孔耿耿于怀。她时刻都担心鼻子周围的黑头去掉以后，会立刻又出现，所以每次去洗手间，她都会用洁面用品不停地擦拭鼻子周围的皮脂。

到洗手间以后，她总是随便地洗洗手，便用手去挤压鼻子上的皮脂。可是，这种习惯不仅让她的皮脂分泌逐渐增多，还让其鼻子附近的皮肤失去弹性，反而让毛孔变得更大。终于有一天，当发现问题得不到解决的时候，她来到我的医院就诊。

"我为了找工作，把辛苦打工攒下的钱都用来治疗毛孔了，请您一定要帮我治好它！"从此以后，如妍开始认真接受治疗，同时改掉了随便挤压鼻子的坏习惯。不久之后，她的皮肤变得光滑起来，再也不用每次进洗手间都要照镜子了。

毛孔粗大的惊人真相

造成毛孔粗大的因素有很多，包含衰老、激素分泌、季节变化、压力过大、妊娠状态等。由于这些原因导致皮脂分泌越来越旺盛、皮肤弹性越来越差的人，其毛孔粗大的问题也会越来越严重。

就像前面讲过的一样，毛孔是皮脂的排放口，所以过多的皮脂分泌是导致毛孔变大的主要原因。一般来说，进入青春期后，随着皮脂腺分泌开始旺盛，毛孔也随之变大。

此外，皮肤老化程度越严重，皮肤的弹性就会越差，还会受到重力的影响出现松弛下垂的现象。毛孔也会随着下垂的皮肤不断变大。很多情况下，近30岁的人毛孔开始明显。

不管什么原因，毛孔一旦变大之后，就需要让其周围松弛的皮肤重新恢复弹性；另外，还需要缩小过度扩张的皮脂腺。而这个效果通过一般的护理方法是不能实现的，需要到专门的医疗机构进行治疗。因此，对于毛孔问题，预防是尤为重要的。

毛孔过大既不是疾病，也不像青春痘或色斑那样，看上去十分明显。但是毛孔问题仍然能够影响皮肤整体的状态，因此，收缩毛孔是皮肤护理过程中不可忽视的一环。

当毛孔变大以后，还会引起其他的皮肤问题，因此更应该选择适当的治疗方法和预防方法。没有被彻底排出而残留在毛孔里的皮脂，和角质等代谢废物一起作用，非常容易引起炎症，而且还会让毛孔越变越大。尤其在T字区等皮脂分泌相对较多的部位，还容易诱发黑头。

很多因素都会引起毛孔变大，但是最常见的，就是过多的皮脂分泌。堆积了过多的皮脂，毛孔自然会被堵塞而越来越粗大。

毛孔变大和紫外线照射也是有关联的。夏天照镜子的时候，我们会发现脸部更容易出油，这就是紫外线对皮脂分泌的促进作用。当大量的皮脂分泌物和紫外线一起作用的时候，毛孔变大的速度就会更快。除此以外，如果用手挤压毛孔，还会对皮肤造成刺激，造成真皮层的损伤，甚至导致毛孔变形。

生活习惯掌控着毛孔大小

生活习惯对毛孔的大小有重要的影响。现在让我们看一看志英的生活方式吧。志英脸上的青春痘痘印和变大的毛孔已经严重到无以复加的地步了。

> 志英喝酒的"资历"可算非常深了。在她的工作日程里，总免不了一些需要喝酒的应酬。而且她是那种豪爽的性格，所以每每和别人喝酒，总是控制不住量，喝到自己都不记得喝了多少。也不知道她是从哪里学来的"特殊技能"，即使喝醉了也能一个人安全到家。
>
> 不过，这样一来，在一周中，她总会有三四次来不及卸妆便倒头睡去，第二天通常会起得很晚，自然也就没有化妆的心情了。很多时候，她只是洁面后往脸上胡乱拍一层粉，就匆匆地出门上班去了。她从来不吃早饭，午饭也以减肥为由凑合了事。到了周末，她又会为了缓解压力，到桑拿房蒸桑拿。

志英所有的生活方式，都在诱发毛孔粗大的问题。首先，长期饮酒会让皮肤的再生功能减退，促进皮脂分泌；其次，晚上不卸妆就入睡也是一个大问题，如果睡前不卸妆的话，化妆品里的油分会和灰尘、代谢废物等混合在一起，厚厚地堵住皮肤毛孔，不仅会影响皮肤的再生功能，还会诱发各种皮肤问题；再次，直接在刚洗过的脸上上粉底，也容易堵塞毛孔，导致皮脂分泌紊乱。

除此之外，如果经常出入浴池或桑拿房等温度高的地方，皮肤水分的消耗也会加快，逐渐造成皮肤粗糙以及毛孔变大。因此，每次蒸桑拿的时候，时间不要过长，而且最后一定要用冷水清洗一下皮肤。

长期过度减肥会让身体营养失衡，导致皮肤得不到充足的养分供给，同时会加快衰老。如果皮肤失去弹性，毛孔自然会非常明显。因此，在减肥的时候，一定要注意补充充足的营养，以免对皮肤造成伤害。

8个导致毛孔变大的坏习惯

（1）喜欢用手直接挤粉刺。

（2）为求快速，洗脸时随便乱搓。

（3）出油时用吸油纸猛吸脸上的油。

（4）最爱吃甜点和油炸食物。

（5）频繁使用除黑头鼻贴。

（6）工作压力大，经常熬夜。

（7）过度节食或三餐饮食不规律。

（8）不卸妆就睡觉。

注意：在日常生活中，一定要改掉这些坏习惯，才能呵护好毛孔，打造健康无瑕的肌肤。

收缩毛孔基础护理法

油性皮肤和青春痘皮肤的人在护理毛孔的时候，要把重点放在去除皮脂上；而干性皮肤和敏感性皮肤的人，则要将重点放在增强皮肤弹性上。在家中进行毛孔护理的时候，最重要的目的就是彻底清洗掉毛孔中的皮脂和代谢物质，防止其变得越来越大。

最好每周进行1~2次深层清洁，同时以T字区为中心，进行去除角质和清洁毛孔的护理。在洗脸的时候，时刻注意最后一遍清洗要使用凉水，还可以使用具有收敛毛孔功效的柔肤水或精华素。此类产品平时可以保存在冰箱里，洁面后轻轻地拍打在脸上，可以达到事半功倍的效果。

对于毛孔变大的皮肤，最忌讳的就是厚厚的彩妆，而彻底地洁面则是必不可少的。一般来说，即使使用了厚厚的粉底液，再拍上散粉，也很难掩盖粗大的毛孔，积存在毛孔中的散粉反而会让毛孔看起来更加显眼。这时可以使用毛孔专用的遮瑕膏，它可以形成一层薄薄的膜，将毛孔遮盖住；还可以使用含有硅制剂的化妆品覆盖住皮肤表面。这些都是适合粗大毛孔的正确化妆方法。

可以在涂抹防晒霜之前使用含有硅制剂的化妆品，之后再用比较薄的粉底液和散粉定妆。毛孔粗大的人，其皮脂分泌也非常旺盛，所以在化妆后，需要注意随时用吸油纸吸去多余的油分，然后用纸轻轻地拍打皮肤表面，注意不要让妆容花掉。

以前，一家化妆品公司使用了这样的广告词——"卸妆比化妆更重要！"可见，我们要在洁面过程中多花心思。尤其在化妆品堵塞毛孔的情况下，皮脂很难排出来，只能堵在毛孔内，很容易诱发青春痘、粉刺。化妆品原本含油较多，而且很容易和皮脂结合，当它和毛孔周围的皮脂结合的时候，就会出现堵塞毛孔的现象。因此，油性皮肤者和毛孔粗大者，更应该注意皮肤的清洁工作。

当皮肤弹性下降，毛孔变大之后，使用一般的毛孔护理产品往往会造成皮肤的干燥。现在很多收缩毛孔的精华素中都加入了保湿和增加皮肤弹性的成分，对于那些既属于干性肤质，又存在毛孔问题的人来说，使用此类产品效果最佳。如果使用了带有毛孔护理功能的柔肤水或精华素，不要忘记在最后一步使用补水面霜，以保证皮肤的水油平衡。

帮你揪出毛孔认识的误区

下面再看一下大家对毛孔的错误认识。

误区1 **含有酒精成分的化妆水或收敛水能彻底解决毛孔问题**

收敛水中含有大量的酒精，在短时间内会对皮肤造成刺激，让皮肤看起来有些肿胀，毛孔会因此看起来缩小了。但这只是短时间的效果，毛孔本身并没有真正缩小。

误区2 **常常使用磨砂膏会让毛孔越来越大**

只要不是过度使用，使用磨砂膏是没有太大问题的。磨砂膏可以帮助清除皮肤的角质，让毛孔内的皮脂和代谢废物更好地排出来。使用去角质产品以后，虽然毛孔短时间内看起来更加突出了或者更大，实际上，毛孔由于被清洗干净了，便不会继续变大。

不过，需要注意的是，如果使用磨砂膏的时候用力过度，或者使用过于频繁，也会对皮肤造成伤害。

误区3 **流汗是造成毛孔变大的一个原因**

事实不是这样的。不过，当天气变热的时候，在出汗的同时，皮肤会分泌出更多皮脂，这样一来会让毛孔变大。汗水和皮脂、皮肤代谢废物等混合在一起的时候，会堵住毛孔，引发粉刺等皮肤问题，也会导致毛孔变大。因此出汗时需要更加注意皮肤的清洁。

误区4 **用普通方法也能收缩毛孔**

需要继续强调的是，毛孔一旦变大，用一般的方法是很难令其缩小的。如果你的皮脂腺过度发达，或是由于平时不当的皮肤护理以及皮肤老化而出现了毛孔变大，可以咨询专业医生进行对症治疗。针对毛孔变大，最具代表性的治疗方法是RF射频、电子填充等。

电子填充通过发射器将电频渗透到皮肤深层，使皮脂腺退化，同时促进胶原蛋白合成，缩小毛孔的效果较好。

请仔细地思考一下，一直以来，自己有哪些生活习惯其实是不正确的，以及应该如何改正。

闪亮的皮肤不是一两天就能造就的。只有每天认真地进行护理，才能够拥有白玉般美丽的肌肤。

自制收缩毛孔面膜

蛋清面膜

材料：蛋清、面粉、当归粉、甘草粉各少许。

方法：（1）将蛋清打出泡沫之后，加入少许面粉、当归、甘草粉充分搅匀；（2）将其厚厚地敷在脸上，注意避开眼睛和嘴，20分钟后用冷水洗净即可。

功效：蛋清具有非常好的去皮脂作用，可以去除鼻子周围的黑头，同时达到缩小毛孔的效果。

啤酒面膜

材料：啤酒50毫升，面膜纸1片。

方法：（1）取一个干净的小碗，倒入啤酒，在啤酒中浸入面膜纸，等待3分钟左右，让啤酒完全浸润面膜纸；（2）将面膜纸取出敷于脸上，15分钟后洗净。

功效：啤酒中的酒精成分能够促进血液循环，加快新陈代谢，排出毛孔中的代谢物。

盐蜜面膜

材料：蜂蜜、食盐各少许。

方法：（1）将食盐和蜂蜜搅拌均匀，注意蜂蜜不要过多，调得稠一些；（2）将其均匀地涂抹到脸上，20分钟后洗去，可以边洗边按摩。

功效：蜂蜜具有非常显著的滋润效果，食盐则具有消炎的作用，二者混合，可以达到滋养皮肤、收敛毛孔的功效。

绿豆面膜

材料：绿豆粉2汤匙，苹果醋1汤匙。

方法：（1）将绿豆粉和苹果醋充分搅拌均匀，调成糊状；（2）洁面后，将调制好的面膜敷于脸上，注意避开眼部及口唇，静待15分钟后洗净，每周可用2~3次。

功效：绿豆粉有黄色和绿色两种，本款面膜应该选用绿色的，因为它是和绿豆壳一起研磨的，包含豆壳中丰富的营养成分，有很好的排毒消肿、收缩毛孔功效。

护肤课堂5：

青春痘
只要青春不要痘

摸来，摸去……

　　青春痘被认为是"青春的象征"。

　　很多人相信，青春痘只会在青春期内短时间出现，随后就会消失，于是便延误了到医院治疗的最佳时机。

　　其实，当额头和脸颊上开始出现一两颗青春痘的时候，就需要开始防治。千万不能等到青春痘爬满整个面孔，才紧张地上网搜索解决方法。

皮肤天生就十分干净的人，或偶尔长一两颗青春痘的人，往往无法理解长时间被青春痘折磨的患者的痛苦。很多"痘龄"超过2年的患者到医院治疗的时候，都是无精打采的，他们中的大部分人已经放弃治疗的希望，接受问诊的时候甚至不敢直视医生的眼睛。

而且，青春痘很大程度上还会影响患者的人际关系。很多患者因为青春痘严重，干脆减少出门的次数。即使出门，也会戴上一顶能够遮住脸部的帽子。严重的压力和自卑时刻困扰着他们。

我的学妹珍娴，每当额头上长出白色、细长、米粒状的青春痘时，就习惯性地把额头掩盖起来。有一次，她参加跑步比赛，第一个冲过终点。可是她停下脚步后最在意的不是成绩，而是赶快整理吹乱了的刘海。不管多么炎热的夏天，她都会留着厚厚的刘海。可是，越是这样做，她的青春痘反而变得越发严重，从白色的米粒状变成红肿突出的发炎症状，情况十分不乐观。

大概过了1年时间，她的青春痘已经扩散到两颊，只得再次改变发型——她留了厚厚的齐刘海，用两侧长长的头发遮住脸颊。下面，我将会为大家仔细解释一下，为什么她的发型会和越来越严重的青春痘有关系。不过，在开始之前，我不得不提醒大家："如果你对脸上的青春痘视而不见，说不定也会陷入和我这位学妹一样的困境。"

在发作初期，青春痘会呈现白色、突出的细米粒形状。这时候，清洁是最为重要的。如果像珍娴这样，用刘海或者帽子遮住青春痘，反而会让青春痘的情况恶化。对于治疗青春痘，没有刘海，保持清爽状态的发型，其实是更加有利的。

此外，洗脸次数太多，反而会对皮肤造成刺激。因此，需要在早晚洗脸的时候，仔细地将皮肤的代谢物清洗干净，让毛孔不被代谢物堵塞。每1~2周定期进行1次去角质护理，对预防和治疗青春痘也有一定的帮助。

长青春痘后的护肤要点

Step 1 巧选洁面产品，彻底清洁

彻底的清洁，可以有效阻止青春痘的大量出现。在洁面的时候，应该尽量避免使用清洁力过强、刺激性过大的洁面产品，用温水轻轻地清洗2~3分钟。另外，不管皮肤出油多严重，每天洗脸的次数也不能超过3次，这样才能保证皮肤水分不易流失。如果第一次洗脸的时候就使用凉水，容易让皮脂凝固在一起，因此需要先用温水洗脸，最后再用凉水清洗。

在清洁皮肤的同时，还要注意毛孔和皮脂的护理。如果皮脂过度分泌，当然会堵塞窄小的毛孔，不仅影响美观，还会让毛孔内的代谢物堆积在一起。此外，由于化妆造成的毛孔堵塞会让皮脂更难排出，残留在毛囊内的皮脂容易加重青春痘的症状。

痘痘肌的3分钟清洁大法

（1）先准备一条洁净柔软的干毛巾和一块不含刺激性成分的中性香皂。

（2）把香皂在温水中揉搓起泡，泡沫越丰富越好。然后用双手把泡沫捧起来洗脸，洗1分钟，注意不要太用力，如果感到疼痛应该立即停止。

（3）接下来用热水（比温水稍热些即可）清洗脸部半分钟，再换温水清洗半分钟，如此反复几遍。若用淋浴器，则脸距喷头约一拳远，一边喷淋面部（用热水），一边用指腹轻轻敲打面部。最后再调到温水喷淋脸部半分钟。

（4）用干毛巾将脸上的水珠轻轻擦掉，再轻轻地压脸吸水。

（5）最后涂上具有收敛作用的化妆水，涂后如果觉得皮肤有紧绷感，可多涂几次。

温馨提示：本法必须早晚各操作1次，对早、中、晚期青春痘都有明显效果。

Step 2 慎用化妆品

在"油性皮肤"一节中，我们也谈到过，油分较多的化妆品具有亲油的性质，所以容易和毛孔周围的皮脂相结合，造成毛孔堵塞。因此，应该尽量避免使用可以遮盖青春痘的遮瑕膏、粉底液等化妆品。当不得不化妆的时候，需要经常用吸油纸吸去面部的油脂。

另外，不管皮肤出油多么严重，使用润肤乳和防晒霜的步骤也不能省。冬天的冷风直吹和夏天强烈的紫外线照射，都会造成皮肤的损伤，导致皮肤老化。在使用无油产品之后，用纸巾轻轻压一下面部，就可以缓解皮肤出油的现象。

在选择防晒霜的时候，不能只关注防晒指数，不含油的防晒产品效果更好。青春痘肤质的人也许很难直接判断哪种产品才是最合适的，但重要的是要选择最适合自己肤质的产品。

🔵 Step 3 适合自己的祛痘产品才是最好的

祛痘产品不是一定要选择高价的才会有效，更不是其他人反馈好的产品就都适合自己。在选择的时候，最好先将少量的产品涂抹在手腕或手背上试用一下，观察皮肤的反应，确定没有异常以后再购买。如果选择不适合自己皮肤的产品，只会让青春痘变得更加严重。

不过，如果想从根源上预防白米粒似的青春痘，也可以从一开始就使用针对青春痘的专用产品，通过仔细的护理来达到预防的效果。青春痘专用产品可以温和地清除堵塞毛孔的角质，抑制皮脂的过度分泌，有效减少青春痘的产生。

洗脸后，将青春痘专用润肤水倒在化妆棉上，然后在皮肤表面轻轻地擦拭，可以起到镇静皮肤的作用。但是，如果使用不当，反而会让皮肤变得敏感，逐渐转变为干性皮肤。因此，在选择化妆品之前，最好先使用其试用装，观察效果后再购买。另外，还要尽量避免用手触摸青春痘，以免造成二次感染。

🔵 Step 4 定期的面部按摩

定期的面部按摩虽然有助于维持皮肤健康，但对于炎症皮肤来说，按摩造成的刺激反而易使皮肤受损。如果你原本就不擅长按摩，不如忽略这个步骤，而在去角质上多下功夫，还可以使用一些具有镇静皮肤作用的面膜。

🍳 Step 5 摒弃错误的祛痘方法

民间有一种说法：经常接受紫外线照射，有助于治疗青春痘。这种说法是不正确的。还有人认为，"紫外线疗法"原理类似于专业皮肤科治疗中的光感疗法。不过，直接暴露在太阳光下照射皮肤却是一种不恰当的行为，因为在青春痘症状缓解之前，照射紫外线反而会对皮肤造成更严重的伤害。

有青春痘还出来暴晒！

呜呜呜……我错了……

急救！痘痘肌肤的化妆法

出门前却发现脸上冒出一颗痘。相信有很多人都遭遇过这样的情况，前一天吃了过油或过辣的食物，导致第二天一早脸上就长出青春痘。可是当天还要出门约会或工作，怎么办？顶着一颗红红、冒尖的痘痘多难看啊，于是只好左一层粉、右一层粉地遮住痘痘，导致面部一整天都很紧绷，而且痘痘症状更严重了。到底怎样处理突如其来的痘痘才合适呢？

巧遮痘痘的美容障眼法

下面，我们就为有这种困扰的人介绍最方便、最实用的急救化妆法。

（1）洁面后，轻轻拍一些具有消炎效果的化妆水，然后将含有茶树油精华的急救棒点在痘痘上。茶树油含有天然抗菌成分，可以起到消炎、镇静的作用。

（2）选用痘痘肌肤专用的妆前乳和隔离霜，然后用绿色遮瑕膏涂在痘痘附近，遮盖一下痘痘红红的颜色，之后在面部覆盖薄薄一层与肤色贴近的遮瑕膏。遮瑕膏要用手指轻轻点抹，以便抹后达到中间厚、边缘薄的效果。

（3）如果觉得遮瑕力还不够，可以稍微扫一些散粉。散粉最好选用矿物质地的，比较自然清爽。

当然这只是暂时的应急处理，如果痘痘发炎、流脓，最好不要再化妆了，应该尽量减少肌肤的负担。另外，睡前一定要卸妆！务必仔细地清洁面部，然后使用具有消炎效果的化妆水和痘痘急救棒。如非必要，在痘痘消掉之前都不要再化妆。

❀痘印不见了

　　经过艰苦卓绝地"战痘"，终于取得阶段性胜利（痘痘已经消失），但是"战场"上却留下一些痕迹（痘印），一时半会儿都不会消失，这个时候就需要用一些化妆技巧来帮忙，让痘印瞬间无形，重现靓丽容颜。

　　（1）洁面后，按照正常步骤使用化妆水和乳液，然后使用妆前乳和隔离霜。如果"战痘"后的皮肤仍然泛红，可以选用绿色的隔离霜来调和脸色。长痘的肌肤一般油脂腺比较发达，所以要尽量避免使用含油脂多的化妆品，清爽质地的化妆水和乳液才是最佳之选。

　　（2）选择适合自己肤色的遮瑕膏，分区点在面部，均匀涂抹开，然后使用遮瑕笔在痘印仍比较明显的部位重点点抹遮瑕。

　　（3）为了达到完美的妆容效果，可以扫上适量珍珠粉来定妆。

害人不浅的祛痘偏方

　　　有一个叫恩静的女孩，已经有3年的青春痘病史，高考结束以后，她终于下定决心，要抽出时间来与青春痘告别了。

首先，在洗脸的时候，她一定会使用绿茶水，而且在使用护肤品的时候只选择润肤水。因为使用乳液后会油腻，担心加重青春痘症状。

每隔三四天，她还会用盐水洗脸，因为曾听人讲："盐可以帮助去除皮肤角质。"早晚洗完脸后，她还分别将食盐水和食醋水涂在脸上，为的是消毒，防止炎症加重。

她还会1星期敷1次萝卜泥面膜。因为她一直认为，去医院治疗需要很长时间，而且吃药对身体总归有害，所以她一边梦想着能够拥有干净的皮肤，一边在家里用这些土方法进行治疗。

在治疗青春痘的过程中，家庭护理的重要性绝对不亚于到医院治疗。现在，在网上可以检索到很多信息供我们在家庭护理的过程中参考。不过，如果随意采取网上的方法，不考虑是否与自己的情况相符，则存在很大的危险性。让我们来分析一下前面恩静使用的祛痘方法。

首先，恩静不应该只用润肤水作为护肤品，还应该使用乳液和防晒霜。选择产品的时候，可以选择不含油分的产品，这样才能防止毛孔堵塞、炎症加重。

另外，洗脸后感到皮肤紧绷，或者脸上除了出油的部位以外，其他部位感到干燥、粗糙的话，就需要给皮肤进行补水护理。除了长痘的部位，脸上其他皮肤的健康与水分息息相关。油性皮肤的特征是皮肤出油多，但并不代表皮肤水分充足。油性皮肤的人的水油平衡更容易被破坏，因此，准备一款补水精华是必不可少的。但是如果过度补水，反而会让青春痘的情况更加严重，应该保持适量。

再来看用食盐洗脸的方法。盐虽然有助于去除角质，但是如果食盐的颗粒直接接触皮肤，反而会对皮肤造成刺激，损伤皮肤表层。食醋里的酸性成分也会对皮肤造成刺激，与酒精类似。但和酒精的杀菌作用相比，食醋对皮肤造成的直接损伤会更加严重。使用的时候应该非常注意。

很多人都说，萝卜泥面膜对皮肤很好，其实，这也是有争议的一种方法。当青春痘严重、皮肤敏感的时候，萝卜汁反而会让皮肤出现刺痛的情况。如果使用者误认为这种刺痛是在发挥疗效而进一步按摩的话，皮肤就会受到非常严重的损伤，甚者整个面部都会变得通红，第二天都无法消退。

不要用手挤青春痘

皮肤表面出现红肿突起的青春痘，如果不进行积极治疗，痘痘会越变越大，最后很有可能出现化脓的情况。在这种情况下，肤质已经变得非常敏感，最好不要随便触摸或者用手挤青春痘。让我们来看一下珉宇的情况，就可以知道随便用手挤青春痘会造成多么严重的结果。

珉宇第一次到医院就诊的时候，脸上已经出现很多青春痘的痕迹，还有很多已经成形了。珉宇个子很高，五官非常分明，尖尖的瓜子脸看起来非常漂亮。用现在的话来讲，就是标准的"美男子"。可是，满脸的青春痘却让他变成自卑的"痘男"。他说，自己从小学开始就因为青春痘而在学校里"出名"了，初中以后，更是因为青春痘而受尽心理上的折磨。到了初三，他整个脸上都是青春痘，自卑感让他害怕与人交往。

他经常用笔尖把青春痘扎破，但害怕留下痕迹，之后从朋友那里打听到用"某某软膏"效果好，于是买来擦在脸上。谁知不仅青春痘的情况更加严重，皮肤也开始出现其他问题，留下了严重的痘印。

高二暑假时，前来治疗的珉宇一见到医生就开始拜托医生一定要帮助自己。他的声音里几乎带着哭腔，脸上青春痘留下的痕迹看起来更像麻子。他已经对自己青春痘的治愈失去信心，更因为自己以前没有积极治疗而后悔莫及。

其实，很多男孩都会像珉宇这样喜欢挤破青春痘，加上不注意消毒，最后留下了痘印。有的人青春期虽然长痘，但是过几年痘痕就会逐渐消退。上大学之后，由于没有很好地治疗和护理皮肤，情况更加严重的也大有人在。虽然这已经是老生常谈，但是，如果在长痘以后用手挤破，非常容易让皮肤组织受到严重的损害，从而留下永久性的痘痕。用手挤破青春痘以后产生的痘痕，一旦形成便无法彻底消除，因此一定要特别注意。

有的时候，即使不用手挤破，青春痘也会自己化脓破掉，这时也同样需要专门的治疗。实际上，在医院治疗已经化脓的青春痘，只不过是祛痘的目标之一。

除此之外，控制青春痘不继续加重也是非常重要的目标。如果已经化脓的青春痘继续发展，皮肤内部的脓水就会破溃流出，并感染周围组织，出现又大又硬的青春痘。这时，周围的正常皮肤组织由于受到破坏，表面便形成小孔，残留下痘痕。此时一旦用手挤压，痘痕就会愈加明显。因此，当青春痘发展到脓包阶段时，一定要到医院接受专业的治疗。

有些人认为，如果放任青春痘发展不管，就会在脸上留下像痣一样的痕迹，于是便用手将它挤破。其实，这是一种错误的认识。黑痣产生，是由于无法排到皮肤外的面疱，一部分露出到皮肤表面，在空气的作用下被氧化，变成黑色的面疱残留下来。而青春痘痘痕虽然容易产生色素沉着，看起来也是黑黑的，它和黑痣的治疗方法却是截然不同的。总之，治疗青春痘的最基本原则，就是不要轻易用手触摸。

痘痕是伴随青春痘而来的一个非常麻烦的问题。想要预防痘痕，需要非常大的耐心。很多人一看到脸上长出白色的小脓包，就心急火燎，恨不得立即用手把它挤破。这时候，忍耐力是必不可少的，要提醒自己，青春痘会消失，痘痕却是无法彻底消除的。

饮食治疗及日常护理

吸烟、饮酒、压力过大、睡眠不足等因素，虽然不是造成青春痘的直接原因，但会对其产生起到很大的作用。

还有人认为，青春痘的产生和饮食有关，不过这些都是存疑的观点。另外，有人认为长期摄入高脂肪食物会使青春痘加重，但是很难提出有力的证据。长期摄入高脂肪食物容易诱发炎症，所以相关研究人员只是在此基础上推断它会造成青春痘的加重。

此外，还有一些研究表明，高脂肪食物会促进雄性激素的分泌，从而诱发青春痘的产生；另有一些研究结果认为，乳制品和乳酸菌也有可能诱发青春痘；含糖指数高的食品对青春痘也有不好的影响，如摄入白米饭、白面包等精制食品后，血糖急速升高，可能更易诱发青春痘，或产生不好的影响。我们可以把青春痘想象成糖尿病，精制的碳水化合物类食物会让人体内的血糖水平迅速升高，对毛囊造成间接的不利影响。

相反，$\omega-3$脂肪酸对于治疗青春痘有着非常好的效果。虽然还没有明确的实验证明，但是$\omega-3$脂肪酸可以降低血液中的雄性激素，对细胞因子产生影响，达到消炎和间接减少皮脂分泌的作用。还有一些研究表明，膳食纤维有助于减少雄性激素的分泌，对于改善青春痘也具有一定的辅助作用。

不过，治疗青春痘最根本的方法还是日常护理。注意科学护理，否则会加剧症状，使皮肤受损。同时，想要从根本上获得健康的肌肤，还是应该到专业的医院进行治疗。

自制面膜祛痘不留痕

芦荟面膜

材料：鲜芦荟100克，蜂蜜10克。

方法：（1）取鲜芦荟叶1片（约100克），洗净后切成小片；（2）将芦荟片放入锅中，加500毫升水煮沸后，转小火煮15分钟，滤去芦荟渣，取滤液，加入蜂蜜调匀；（3）将面膜涂抹在青春痘上，每日1次。

功效：芦荟有抗菌、消炎的作用，对青春痘有较好的疗效。但是过敏者不宜使用芦荟，有慢性腹泻患者也当禁用。

大白菜叶面膜

材料：大白菜叶3片，酒瓶1个。

方法：（1）采购新鲜大白菜，取下整片菜叶洗净；（2）将大白菜叶在干净菜板上摊平，用酒瓶轻轻碾压10分钟左右，直到叶片呈网糊状；（3）将网糊状的菜叶贴在脸上，每10分钟更换1张叶片，连换3张，每天做1次。

功效：本面膜有辅助治疗青春痘和嫩白皮肤的功效。

金针菜面膜

材料：干金针菜200克，蜂蜜90克。

方法：（1）取干金针菜捣成细末，用蜂蜜调匀；（2）每天清晨洗脸后，用此面膜涂脸，20分钟后洗净。

功效：本面膜有清热解毒、消斑除痕的功效。干金针菜外用做面膜，其根优于花，也可用黄花根代替。

番茄草莓面膜

材料：番茄1个，草莓2个。

方法：（1）将番茄洗净，撕去外皮，草莓去蒂洗净；然后放入消毒纱布袋中，压取果汁；（2）用果汁涂搽面部青春痘，30分钟后洗净，每日早晚各1次。

功效：本果汁富含维生素C、胡萝卜素，有抗氧化、抑菌、祛除青春痘的功效。

选择适合自己的治疗方法

　　很多人存在着这样的想法：青春痘难以根治，因此认为一旦投入治疗，就需要花上很长的时间；同时，即使短期内无法见效，也只能秉着相信的态度继续接受治疗。实际上，青春痘的治疗方法已经变得越来越多样化，治疗时也基本上不会产生副作用。因此，一旦下定决心接受治疗，千万不要有太多的心理负担，也不要太过心急。

　　在长青春痘的初期，只要在局部使用软膏，即可将青春痘软化。如果你的青春痘体积较小，但是经常反复出现，可以进行青春痘剥落治疗。接受青春痘剥落治疗后，可以有效改善米粒状青春痘、炎症性青春痘、青春痘恢复期痘痕及色素沉着，还可以安全地去除皮肤角质。它属于一种手法较轻的剥皮技术，可以淡化痘印，同时改善面部残留的青春痘痘痕。

　　若青春痘发展到中后期阶段，可以到专业的皮肤科接受光动力学疗法治疗。这种治疗可以有选择性地将感光物质涂在皮肤上，然后通过光照，将导致青春痘的病菌和皮脂腺破坏掉。

　　和一般的青春痘治疗方法相比，光动力学疗法可以在1~2周明显见效。只需要接受1~3次治疗，就可以保证6~12个月不再复发，见效快、疗效具备持久性是这种方法的最大优点。此外，这种方法对于手无法触到，很难涂药，而又容易产生痘痕的背部、臀部的青春痘，也有非常好的效果。

　　最后，由于个人情况不同，服用医院开出的口服祛痘药，所起的药效也会产生很大的差异，最好咨询医生后再选择服用。

护肤课堂6：
黑眼圈
她的外号叫"熊猫"

　　眼部下方的皮肤和身体其他部位的皮肤不同，当身体过度疲劳的时候，眼部皮肤往往会立刻出现反应。也就是说，眼部的皮肤能够敏感地反映身体的变化。

　　因此，黑眼圈的出现，可以当成身体亮起的健康红灯了。

由于睡眠不足和疲劳引起的黑眼圈，经常被人们夸张地形容为"熊猫眼"。人们一直认为疲劳时一定会产生黑眼圈。其实，黑眼圈的形成并不只有疲劳这一个简单的因素。

眼睛下方的皮肤极薄，因此容易显现皮肤下面的血管，黑色细胞和色素更不例外。很多女性在生理期时，或者身体过度疲劳的时候，就会出现短暂性的黑眼圈。此外，如果眼睛下方的脂肪过多，也容易出现阴影，变成明显的黑眼圈。

今年22岁的景恩有一个外号，叫"熊猫"。大家也许会认为这是一个非常可爱的外号。其实，得到这个外号，是因为她的黑眼圈非常严重，眼睛周围的皮肤看起来比一般人黑很多。她平时就有黑眼圈，如果熬夜，第二天，黑眼圈会更加严重，甚至周围的人会误以为她的身体出现了严重的问题。

在照镜子的时候，她会因为黑眼圈太过严重而感到十分难过，心情也变得糟糕起来。平时，她会在眼睛下方涂上美白产品，却得不到任何改善。于是，她终于下定决心，到医院寻求医生的帮助。那么，她为什么会出现这么严重的黑眼圈呢？

听过她的介绍之后，我认为，黑眼圈随时随地困扰她，既有遗传性的因素，也和她平时睡觉时间太晚，以及不规律的生活习惯等因素相关。

产生黑眼圈的因素，还包括血管粗细、眼睛下方的脂肪含量、黑色素等。此外，还有我们都知道的身体疲劳、睡眠不足及压力过大等。

黑眼圈还经常会伴随眼部浮肿。眼部出现浮肿，如果用手去按压，会导致黑眼圈更加严重。因此，当眼睛下方出现浮肿的时候，一定不要用手触碰，最好使用热毛巾和冷毛巾轮流进行热敷和冷敷，这样可以镇静皮肤，预防黑眼圈的出现。

不再顶着"熊猫眼"

黑眼圈已经成为爱美人士的"美容大敌"，睡眠不足、过度用眼等都会造成黑眼圈，那么要怎么改善呢？

❀ 做面部瑜伽
改善黑眼圈最有效的方法，就是维持顺畅的血液循环。当黑眼圈严重的时候，可以做面部瑜伽，改善眼部的疲劳，促进血液循环，从而缓解黑眼圈症状。

❀ 随时闭一闭眼
长时间戴隐形眼镜以及长时间在电脑前工作，也是黑眼圈加重的一个重要原因。如果不能避免长时间使用电脑的话，可以随时闭一闭眼睛，同时向上、下、左、右转动眼球，缓解眼部疲劳。而经常揉眼是一个很不好的习惯。

保证充足的睡眠

此外，还应该注意保证充足的睡眠。尤其是晚上10点到凌晨2点这段时间里，一定要处于睡眠状态。在睡觉前，进行一些简单的伸展运动，也能够预防黑眼圈。因为伸展运动能够有效地促进血液循环，放松紧张的肌肉，让我们拥有较高的睡眠质量。

摄取富含维生素和无机物的食物

那么，可以有效预防黑眼圈的食物有哪些呢？想要预防由压力、疲劳、紫外线等因素引起的黑眼圈，应该充分摄取富含维生素和无机物的食物，如番茄、柠檬等蔬果。同时，应避免吸烟、喝酒和过量饮用咖啡。

注意眼部的保湿

在此基础上，还应该注意眼部的保湿，才能有效地预防黑眼圈。常食葵花籽、核桃等坚果以及鲢鱼等鱼类，对黑眼圈的预防和治疗有很好的效果。此外，蛋白质能够促进身体的新陈代谢，缓解疲劳，不仅能改善黑眼圈问题，对维持我们身体均衡的营养状态也是必不可少的。

如果黑眼圈是由于眼睛下方过多的脂肪造成的，则需要尽量避免眼部出现浮肿。因此，应该尽量少吃一些过咸的食物，如果摄取盐分过多，第二天眼睛下方以及整个面部、手部都容易出现浮肿。

轻松度过生理期

女性在生理期时，身体水分和营养的流失会比平时更快。因此即使没什么胃口，也要尽量均衡地摄取食物，避免过于激烈的运动，同时保证充分的休息。在生理期时，为了促进血液循环，应该多吃一些蔬菜、水果，为身体补充丰富的维生素，同时注意保证水分的摄取。但是，单凭某些食物和某些营养素，很难有效地改善黑眼圈，最重要的一点，还是要避免疲劳、充分休息，保证眼部顺畅的血液循环。

健康眼部保养法

眼霜对黑眼圈有效吗？

实际上，用眼霜消除黑眼圈是不可能的。不过，富含维生素A、维生素C成分的眼霜，可以增强眼睛下方皮肤的弹性，同时具有美白功能，也可以起到一定的改善黑眼圈的效果。

有效涂抹眼霜的方法

眼部的皮肤非常敏感，皮肤很薄，所以绝对不能用力地摩擦。我们可以用中指和无名指，从眼部外侧向内侧轻轻拍打并将眼霜抹开。使用眼霜的时候不要过量，而是用手指少量蘸取，轻轻地拍打在眼部。

做眼保健操也可以改善黑眼圈

（1）缓缓睁大眼睛，再徐徐闭上，睁大时尽量保持几秒再闭眼，连续重复5次以上。

（2）转动眼球，上、下、左、右依次各望5秒，然后由左至右转动眼球，再由右至左转回来，来回共做5次。

对症医治黑眼圈

　　根据不同的原因选择不同的治疗方法，可以有效地缓解黑眼圈症状。

　　如果引起黑眼圈的主要原因是皮肤色素沉着，那么可以选择离子治疗、细胞活化治疗等医学护肤方法进行改善。离子治疗属于美白治疗的一种，利用电泳法和超声波来消除黑眼圈。这种方法可以让大量的营养物质渗透到皮肤角质层，能够显著地改善皮肤状况。它促使维生素C、维生素A、维生素E、胡萝卜素、果酸等营养成分渗透到皮肤深处，能够快速地让皮肤变得干净清透，从而有效地去除眼睛下方的黑色素。

　　细胞活化治疗是将维生素C转化成皮肤可以吸收的状态，使其渗透到皮肤深处，去除沉积的色素。在进行治疗后，涂上美白软膏和含有维生素C的产品，就可以防止黑眼圈的复发。但是，如果接受治疗后护理不当，治疗的效果就会大打折扣。因此治疗后的1个月内，一定要保证充足的睡眠和休息，才能打造出健康的眼部肌肤。

　　如果黑眼圈是皮下血管造成皮肤变色引起的，可以选择治疗血管的脉冲染料激光，通过治疗血管问题来改善肤色。如果将这种血管激光治疗和美白治疗相结合，对消除黑眼圈有更好的效果。

　　大学时学习舞蹈专业、毕业后在文化艺术演出场所工作的银河小姐，虽然只有20多岁，却因为眼睛下方堆积的脂肪，从上学的时候就被戏称为"老奶奶"。

虽然同学们只是开玩笑，她却因为这个外号感到很大的压力。她的皮肤原本就属于暗沉粗糙型，眼睛下方的阴影让她的面部看起来更加暗沉。她的职业本来就需要和很多人接触，因此她越来越在意自己的黑眼圈，开始寻找有效治疗黑眼圈的方法。

　　如果像银河一样，由于眼部下方的脂肪过多，导致眼袋浮肿突起，看起来会比实际年龄显老。此外，由于突出的脂肪，眼部下方会出现阴影，非常容易给人留下面部暗沉的印象。随着年龄的增长，一般人包裹眼睛下方脂肪的隔膜会变得越来越脆弱，因此脂肪会更加突显。皮肤由于老化失去弹性，眼睛下方的骨骼显得格外突出，会让黑眼圈看起来更加严重。

　　这时，我们可以到整形医院进行眼部抽脂手术。原本进行这种手术的人群多为眼部皮肤松弛的中老年女性，但是，现在二三十岁的女性也经常采取这种方法治疗眼袋。对于像银河这样年龄只有20来岁，眼袋却令她看上去像老奶奶的女性，选择这种抽脂手术最能有效去除黑眼圈。

　　眼部抽脂手术是通过隔膜进行的，所以不会留下任何疤痕。医生会向内切开约1厘米的小口，将眼睛下方的脂肪充分铺展开，以便抽取。手术后眼部会出现1周左右的浮肿，手术后4~5天都需要在眼部贴上肉色的胶布，会对生活造成一定的不便。

　　手术解决了眼睛周围的脂肪问题后，黑眼圈可以得到60%~70%的改善，剩余的色素沉着问题和血管显现问题可以通过美白护理或血管激光等方法来进行改善。银河在术后复诊的时候，看起来已经比以前年轻了不少，整个人变得开朗起来。最重要的是，银河终于可以拥有自信的微笑，这让她看起来充满靓丽光彩。

急救！"横空出世"的黑眼圈

昨天睡得太晚，今天竟然出现惊人的黑眼圈！

就算每天都认真对待眼部肌肤，可是偶尔也会出现这样的突发状况，令人措手不及，这时要如何进行肌肤急救呢？

1.立即冰敷眼睛下方的肌肤

唤醒肌肤，冰镇茶包是最好的选择，不过不是每个人的冰箱里都会随时备着冰镇茶包，此时可用冰块替代。需要注意的是，别让冰块直接接触肌肤，以免冻伤肌肤，可以用薄毛巾包裹住冰块进行冰敷。

2.边涂抹边按摩

洁面后，按照正常步骤使用化妆水和乳液，涂抹眼部时，最好边抹边进行按摩，这样可以帮助眼部肌肤充分地吸收水分，方便后续使用遮瑕膏，同时也能防止眼袋的出现。

3.为眼部选择亮色的遮瑕膏

在眼部涂抹一层颜色比粉底更亮的遮瑕膏，不用太多，用手指轻轻拍打即可。如果黑眼圈不太明显，也可以不用涂抹遮瑕膏，直接涂抹液体粉底后轻轻拍打即可。

4.巧用遮瑕笔

如果黑眼圈仍然很明显，就用遮瑕笔轻点眼下的灰暗部位，然后用指腹轻轻按压均匀。

让眼睛变明亮的天然眼膜

芦荟眼膜

材料：鲜芦荟80克，柠檬汁半汤匙，海藻粉少许。

方法：（1）将芦荟去皮后捣碎，加上一些海藻粉，增加面膜的黏稠度；（2）加入柠檬汁，调匀后均匀地涂在眼部周围即可。

功效：芦荟具有杀菌的作用，对于去除面部的杂斑有很好的效果。此外，由于芦荟具有非常好的保湿和美白效果，对于干性皮肤、色斑、雀斑较多的皮肤以及眼睛下方暗沉的皮肤也有很好的护理作用。

土豆眼膜

材料：土豆1个。

方法：将土豆洗净去皮，捣碎成泥，敷在眼睛上方、下方等部位，20分钟后用清水洗净。如果面部需要敷贴，可以先在面部盖上两层纱布，然后在纱布上敷土豆面膜。

功效：土豆含有丰富的维生素C、钙、钾等营养成分，能够达到美白和保湿的效果。

莲藕荸荠眼膜

材料：莲藕一小段，荸荠2个，无纺布眼膜1对。

方法：将莲藕、荸荠去皮洗净、切碎，放入榨汁机中榨汁，将无纺布眼膜浸透汁液，临睡前敷眼10分钟。

功效：莲藕和荸荠含有丰富的铁、蛋白质等，具有很好的活血化瘀作用，能有效消除黑眼圈。

银耳眼膜

材料：泡发银耳60克。

方法：泡发银耳加水煮成浓汁，放入冰箱冰镇，每次取3~5滴涂于眼角、眼周。每晚睡前使用。

功效：银耳富含胶原蛋白，可润白去皱、增强皮肤弹性，长期使用，能让皮肤变得紧致、有光泽。

黑头

过犹不及的原则

呜呜……

鼻子周围的皮脂分泌过多，实际上是为了保护皮肤。

皮肤发挥自身防御功能的方式有两种：一是在刺激比较严重的部位，形成较厚的角质层；另一种是通过分泌更多的油脂来缓和刺激。

鼻子周围的皮脂分泌就属于第二种情况。它为了保护暴露在紫外线等外部刺激下的部位，才会分泌出比其他部位更多的油脂。

　　"您曾经仔细观察过草莓吗？"一日，为了治疗毛孔而前来医院就诊的娴雅小姐向我提出了这样一个让人摸不着头脑的问题。

　　草莓的表面上嵌着无数小籽，仔细看的时候，让人觉得浑身起鸡皮疙瘩。"如果您看到这样的情况，难道不想立刻把它挤掉吗？""是吗？也许吧。"于是，她最近每天都会用手挤掉鼻子上的黑头。"可是如果经常用手挤黑头，鼻子也会像草莓一样，开始变得红彤彤的。加上黑头，鼻子看起来真的像草莓一样了。"我向她提出了自己的意见。

最需要改变的习惯

　　如果经常受到黑头的困扰，那么最需要改变的习惯，就是长时间地站在镜子前面观察自己的鼻子。如果仔细地观察鼻梁，几乎每个人都会产生想用指甲挤出黑头的冲动。

　　毛孔分泌出的皮脂和污染物质、老化的角质等，接触到空气之后就会被氧化，于是形成黑头。

　　导致黑头的最根本原因就是皮脂分泌。所以，对黑头的护理，最重要的还是进行皮脂护理。仔细地清洁皮肤是最基本的步骤。可以用控油的吸油纸来减少皮肤表面的油光。还可以用热毛巾进行按摩，通过升高皮肤的温度来软化角质。当毛孔被打开以后，去除黑头就会更加彻底。

　　用手挤黑头，非常容易留下疤痕。用手挤也是造成鼻子毛孔内壁受损、毛孔变大的一个原因。但是，为什么大家明知如此，还会忍不住用手去挤黑头呢？其中一个原因，当然是出于美观的考虑；而另一个原因，则是很多人担心如果置之不理，黑头有可能变成黑斑残留下来。

事实上，黑斑是黑色素细胞聚集产生的，和黑头相比，根本是两回事。面部的青春痘也一样，要记住，青春痘和黑头绝对不可能变成黑斑，所以一定不要因为有这种顾虑就随便用手挤压黑头。

方法不当反而伤害皮肤

一旦毛孔丧失自我清洁的能力，想要彻底治疗黑头就变得非常困难了。因为黑头是由皮脂分泌和毛孔变大引起的，所以可以通过专业的皮肤治疗来解决黑头问题。在民间流传的一些去除黑头的方法中，有一些使用不当，反而会加剧皮肤的损伤。

1.慎用食盐去黑头

在去除黑头的民间偏方中，最常听到的方法就是用食盐按摩长有黑头的部位。食盐虽然具有杀菌作用，也有一定的去除皮脂的作用，但是鼻子周围的皮脂腺比较发达，光用食盐去除黑头，很难达到彻底的清洁效果。况且，比较粗大的食盐颗粒还会对皮肤造成伤害。

如果想用食盐进行按摩，一定要选择美容专用盐，或者选择颗粒十分细腻的食盐或竹盐，这样才能防止皮肤受到伤害，也能够有效地去除黑头。

2.热水洗脸越洗越干

很多人认为，用热水洗脸能够很好地溶解皮脂，所以喜欢用温度过高的水洗脸。其实，这是一种错误的做法。热水虽然可以洗干净脸上的代谢废物，但是会让皮肤弹性减弱，让毛孔变得更大。因此，洗脸的时候最好用温水。如果想让面部温度升高，促进血液循环，可以用热毛巾热敷。

3.巧用天然香皂

近年来，自己动手制作天然香皂成了一种热潮。在各种天然成分中，碳具有很好的去除代谢废物的作用，由于碳本身就具有吸附脏物的功能，在生活中，人们常用它来净化空气、去除异味。如果使用含有碳成分的天然香皂，轻轻地在黑头部位揉搓，便可以将鼻子周围的黑头去除得干干净净。

在使用含碳成分的天然香皂之后，可以用冰凉的化妆水镇静面部肌肤，同时缓解皮肤的紧绷感。使用天然香皂，不会对皮肤造成化学性的刺激，也能够达到去除代谢物质的作用，可谓一举两得。

不过，如果使用得过于频繁，也会过度地去除皮脂，连同正常的皮脂一起去除，所以最好1周使用3~4次。

还需要注意的是，由于天然香皂不含防腐剂，因此一定要在开封后6个月

我使用的天然香皂里含有碳成分。

之内用完，这样才能达到最好的效果。在购买天然香皂的时候，一定要先看清保质期。要想彻底地解决黑头问题，就需要付出自己的努力去仔细护理。

告别"草莓鼻"三步曲

虽然黑头不会变成黑斑，但是如果置之不理，也会产生问题。黑头如果不断发展的话，会对其周围皮肤的胶原蛋白合成带来影响。因此，我们需要用鼻膜或去角质产品将黑头彻底去除干净。如果黑头的情况比较严重，就应该使用专业的方法，以防止皮肤受到损伤。

Step 1 用棉棒轻轻挤压

用热毛巾热敷之后，双手各拿一个棉棒轻轻地挤压黑头两侧，便可以在一定程度上去除黑头。之后需要注意让毛孔重新收缩。可以将化妆水放在冰箱里保存，使用的时候取出倒在化妆棉上，在鼻子周围敷上5分钟左右，就可以达到收缩毛孔的效果。

Step 2 用去角质产品去除皮脂

如果使用去角质产品去除皮脂，最适合的次数是1周2次。最简单的方法是，每当皮脂积累到一定程度的时候，就使用磨砂产品轻轻地去除，使堵塞的毛孔被重新打开，起到一定的护理作用。

做完鼻膜，要用冰凉的化妆水来收缩毛孔。

　　但是，如果过于频繁地使用磨砂产品，反而会对皮肤造成刺激。需要注意的是，这种方法起效的时间较短，所以应该坚持定期做。

🥄 **Step 3** 用鼻膜去除皮脂

　　用鼻膜去除皮脂也十分容易，在使用前先用热毛巾热敷，让毛孔打开，然后再贴上鼻膜。鼻膜完全变硬后撕下，效果才会更好。撕下后能够直接用肉眼观察到鼻膜上残留的皮脂，所以能够让人得到心理上的极大满足。但是，原

鼻膜可以吸收过剩皮脂，去除引起粉刺的黑头，令肌肤更加光滑细腻，坚持每周使用1次为宜。

来被皮脂充满的毛孔，由于已经变空，看起来反而会更大，因此使用鼻膜后的毛孔护理，一定要格外用心。可以用冰水清洗，帮助毛孔重新缩小。

　　这种护理方法如果使用得过于频繁，也会导致皮脂膜受到损伤。受损的皮脂膜会促进皮脂分泌，反而产生更多黑头，造成恶性循环。因此，黑头属于一种极易复发的皮肤问题。为了预防黑头的产生，最好的方法就是在平日里控制皮脂的过度分泌。

去黑头面膜"大集合"

蛋清面膜

材料：鸡蛋1个，当归粉1汤匙，甘草粉1/2汤匙，面粉1汤匙。

方法：（1）取蛋清打出泡沫，然后放入当归粉、甘草粉、面粉，充分搅匀；（2）将面膜均匀地涂在整个面部，等到面膜完全变干以后，用冷水洗净即可。

功效：蛋清可以有效地去除黑头，同时缩小毛孔，让皮肤变得紧致细滑。

红糖面膜

材料：红糖50克，酸奶少量。

方法：（1）红糖里倒入少量酸奶，调整面膜的浓度，然后涂在T字区和鼻子周围；（2）等到面膜完全变干以后，用温水洗净即可。

功效：酸奶富含优质蛋白质和益生菌，可以令肌肤变得细嫩、有光泽。

竹盐面膜

材料：竹盐35克，牛奶少量。

方法：洁面后，不要擦干残留的水分，将竹盐轻轻地涂在长有黑头的部位，也可以加入少量牛奶，轻轻地拍在有黑头的部位，之后用水洗净。

功效：竹盐不仅有杀菌消炎的作用，还可以有效去除黑头。

酸奶面膜

材料：酸奶200克，柠檬汁10毫升，维生素E、蜂蜜各适量。

方法：（1）在酸奶中加入维生素E、适量蜂蜜和柠檬汁，搅拌均匀；（2）此面膜敷脸15分钟后用温水洗净。

功效：酸奶中的活性乳酸菌可以有效地清洁毛孔中的污垢，让皮肤洁净、紧致。

珍珠面膜

材料：珍珠粉适量。

方法：（1）取适量珍珠粉，加入清水调成膏状，敷于脸上；（2）轻轻按摩至珍珠粉变干，再用清水洗净即可，此方法1周可用2次。

功效：珍珠粉可以将皮肤内的杂质污垢吸附出来，以减轻毛孔的负担。

依据不同肤质挑选合适的方法

　　一般来说，油性皮肤的人最容易产生黑头问题。不过，干性皮肤的人也并非完全不受黑头困扰。因为每个人的毛孔都是用来排出皮脂的，所以干性皮肤的人也会由于皮脂分泌而产生黑头。

如果你的肌肤属于干性，可以每天用1~2张吸油纸去除皮脂，并且1周使用1～2次去角质产品，就可以有效控制黑头。如果过度去除角质，反而会让皮肤变得更加干燥，成为极干性肤质。去除角质以后一定要充分地补充水分。

有经验的人都会知道，进行过一次去除黑头的护理之后，大多数还是会复发。因为皮脂会持续地通过毛孔排出，永远不会停止。为了减少这个问题，当发现黑色皮脂产生的时候，就需要特别细心地护理。因为感到不美观就随便用手挤压，或者使用未经科学证实过的民间疗法，是很不恰当的。

如果使用化妆品和面膜等还不能改善黑头问题，也可以到皮肤科接受专业的治疗。用来治疗青春痘的光动力学疗法，对于黑头也有很好的治疗效果。光动力学疗法通过激光来去除皮脂腺，经过3~6次治疗后就可以保持1年左右的效果。皮脂腺被去除后，毛孔也会随之缩小，黑头也就不再找上门了。

最近，越来越多因为黑头影响正常生活的患者，都纷纷选择了接受激光治疗。每个人都会有一两个黑头，但是如果你的黑头已经严重到遍布整个鼻头，不妨考虑一下用RF射频或电子磨皮术来进行治疗。

好的皮肤绝不是一朝一夕就可以养成的，最重要的做法就是随时注意自己的皮肤状态，选择最适合的护理方式。比起随便使用别人推荐的化妆品，最好的方法还是先判断自己的皮肤问题，并且有针对性地选择最适合的治疗方法。

护肤课堂8:

角质
都是角质惹的祸吗

啊！这些白白的东西是
角质吗？

角质或多或少地存在于我们的皮肤中。

它可以保护皮肤不受外界的刺激，同时维持皮肤内的水分和电解质平衡。

如果没有角质，极小的刺激都可能会引起皮肤问题。

同时，如果没有角质来保持水分，也会让人衰老得更快。

不过，直到20世纪70年代，医生们还一致认为，角质层不过是"死去的细胞层"，作用不大。

角质层多种多样的作用，是后来才逐渐被人们认识到的。

> 今年正在读高二的莲枝，是全校皆知的"皮肤科专家"。班里的同学遇到皮肤问题，既不去皮肤科，也不去医护室，而是向她咨询。
>
> "我的脸看起来非常粗糙，快看，还有青春痘呢！真是讨厌死了！这个周末我还要去和朋友玩，看来只能用粉底遮一下了。到底是怎么回事呢？看起来会不会很明显啊？"
>
> 不管同学们提出什么问题，莲枝的答案总是相同的："这都是角质惹的祸。"

按照莲枝的观点，因为脸上积存厚厚的角质，所以妆容容易脱落，皮肤看起来非常粗糙，青春痘也是由角质堵塞毛孔引起的。另外，嘴巴周围的白色物质也是角质。

莲枝的"诊断"并不是没有道理的。不过，角质虽然有可能引起皮肤问题，但不一定所有皮肤问题都是由角质引起的。最终，这位被大家公认的"皮肤科专家"，也来到了真正的皮肤科就诊。而让她就医的"罪魁祸首"，正是她经常提到的角质问题。

莲枝第一次来皮肤科就诊的时候，脸上长着几处粉刺，同时伴随着红斑和瘙痒。造成莲枝皮肤极度敏感的原因，正是她过度去角质的习惯。她每个星期坚持使用2～3次去角质的磨砂膏，结果角质层受到严重的伤害，从而引发了皮肤问题。对于她来说，纠正错误的认知，是比治疗更加重要的任务。

很多女性都和莲枝一样，对角质存在极大的误解。

选择去角质的时机最重要

如果生活习惯比较规律，又不存在造成皮肤损伤的因素，那么大可不必对角质问题太过敏感。角质每4周会周期性地脱落、重生，归根结底，它只是重复这个规律的皮肤层罢了。

问题在于，如果这个周期过快或者过慢，就会产生问题。如果角质无法留在皮肤上，经常轻易地脱落，就会造成皮肤防御能力低下，成为敏感肌肤；相反，如果周期过长，皮肤就会变厚，看起来十分粗糙，化妆的时候也容易脱妆。

在去除角质的时候，选择正确的时机是非常重要的。首先，当角质变厚的时候，化妆品的吸收速度就会受到影响。这时即使使用了化妆水或乳液，它们也只会留在皮肤表面。化彩妆的时候，彩妆也容易浮出，不服贴。另外，皮肤会显得粗糙，情况严重的时候，还会有斑点产生。

另一方面，很多人误以为嘴巴周围翘起的白色皮肤就是角质。实际上，大家应该认识到，这种现象是皮肤水分不足导致的。角质层中的含水量需要保持在10%～20%，皮肤才能保持柔软、光滑、有光泽的状态。如果嘴巴周围或者手脚上的皮肤出现发白、翘起的情况，这时最需要的是补水，而不是解决角质问题。

此外，如果以前没有粉刺、青春痘，现在却突然出现，则可以从两方面考虑：一是现在使用的化妆品存在问题，二是由角质堵塞毛孔导致的。

不同肤质的去角质计划

　　如果需要去除角质，应该根据自己的皮肤状态，选择适当的方法。去除角质的产品，主要包括含有颗粒的磨砂膏、涂抹后需要按摩的去死皮膏、刺激性相对较小的去角质精华素以及去角质面膜等。此外，还有加入酸性成分、利用化学方法去除角质的家用磨皮产品。

　　如果觉得去角质护理十分麻烦，最简便的方法就是选择带有去角质功能的面膜。去角质面膜和其他的去角质产品不同，并不是通过揉搓皮肤达到去角质的目的，因此不会对皮肤组织造成伤害。

❀ 油性皮肤去角质

　　一般油性皮肤的去角质护理，可以使用磨砂膏等产品，1周进行2次左右比较适当。磨砂膏能够有效地去除油性皮肤中的油分，防止毛孔堵塞。不过，如果使用磨砂膏的时候过度地揉搓，则会对皮肤造成刺激，因此一定要格外注意。去除角质以后，要使用不含油的保湿产品，为肌肤补充充足的水分。

❀ 干性皮肤去角质

　　不仅油性皮肤需要去除角质，干性皮肤也需要。如果角质层无法按照正常周期运作，就很容易造成皮肤水分的流失。因此，需要通过去除角质来形成新的皮肤保护膜。

　　干性皮肤在去除角质的时候，一般1~2周1次就足够了。由于颗粒大的产品会对皮肤造成刺激，因此应该尽量选择颗粒小或者没有颗粒的产品。

另外，我们可以不按照规定的日期去除角质，而是通过观察当天的皮肤状态，来判断是否需要去除。在对干性皮肤进行角质护理的过程中，这样的灵活性是十分重要的。干性皮肤的角质状态，会随着皮肤的水分、营养含量的不同产生很大的差异，所以与其不假思索地去除角质，不如仔细观察皮肤每天的变化，再下判断。

一般干性皮肤的人都会使用乳霜或油质的洁面产品。这时不妨在洁面产品中加入杏仁粉，卸妆时轻轻地进行揉搓并按摩。使用时注意不要长时间揉搓，1~2分钟就足够了。杏仁里含有丰富的不饱和脂肪酸，可以让皮肤富有光泽，同时达到促进血液循环的效果。

❀ 敏感性皮肤去角质

如果你的皮肤属于敏感的类型，最好避免使用磨砂类去角质产品，以免外部刺激引发皮肤问题。如果皮肤上残留一些脏物，会更容易引起皮肤问题。在选择去角质产品的时候，最好不要选择含有颗粒的产品，而是选择刺激性较小的去角质精华素。

其实，敏感性皮肤的人不太适合使用市面上销售的去角质产品。可在平时使用的乳液中加入甘草粉，然后均匀涂抹，配合3~5分钟轻柔的按摩以后，用温水洗掉即可。甘草中所含的成分不会对皮肤造成刺激，并且具有增加皮肤光泽的功效。

如果随意使用含有化学成分的化妆品，极易造成很大的皮肤问题，因此，应该尽量选择天然材料制成的去角质产品。

去角质产品推荐

市面上销售的去角质产品，主要含有的成分是果酸和水杨酸。果酸类产品利用水溶性成分去除角质，而水杨酸类产品则利用油溶性成分去除角质。果酸类产品利用酸性原理，破坏角质之间的连接物质，通过柔和地溶解角质，达到去除的效果。

在最近的健康风潮中，很流行"醋蛋"方法。所谓"醋蛋"，指的是在食醋中加入鸡蛋，然后利用其中的酸性成分，将坚硬粗糙的角质溶解掉。含有果酸的产品，其作用原理和"醋蛋"的原理基本相同。民间十分流行的用牛奶或葡萄酒洗脸的去角质方法，也是利用它们之中含有的果酸成分。化妆品在标明果酸成分的时候，一般标注为乙醇酸、乳酸、果酸、枸橼酸、酒石酸等。

含水杨酸的产品不仅具有去除毛孔中代谢废物的功能，还有消炎的功效。所以，皮肤油脂分泌过多或者容易长青春痘的人，使用水杨酸类产品可以起到非常明显的改善效果。

在去除角质以后，一定要使用带有保湿功能的化妆水和乳液等产品，将其充分地涂抹在皮肤上。使用的时候，用量要比平时略多一些，同时配合轻柔的按摩或按压，帮助皮肤吸收。

在去除角质之后，皮肤处于最适合吸收水分和营养的状态。这时如果使用保湿精华素或者美白面霜，皮肤就会发生明显的改变，变得更加柔滑。如果你觉得分阶段使用比较麻烦，也可以按照1∶1的比例，将精华素和面霜混合在一起使用。此外，保湿精华素要在化妆水和乳液之前使用。使用精华素之后在面部进行30秒左右的按摩，帮助其更好地被皮肤吸收。

如果想要快速达到效果，也可以使用面膜。这时最好选择保湿效果好的补水营养面膜。选择的时候，除了市面上出售的补水面膜产品以外，也可以在家用西瓜皮或黄瓜等瓜果蔬菜制作天然面膜。

夏季盛产的西瓜，含水量较多，最适合制作补水面膜。首先将西瓜的白色瓜皮部分刮下来，然后挤出汁液，均匀地涂抹在皮肤表面，停留3~5分钟，最后用冷水洗净即可。另外，也可以将瓜皮部分切成薄片，敷在脸上当作补水面膜，也十分有效。

除了西瓜以外，香蕉中含有丰富的维生素A，也是非常有效的天然保湿品。香蕉的质感也更加温和黏软，最适合去除角质后的脆弱肌肤。取半根香蕉和一勺蜂蜜混合在一起，然后用混合物按摩面部，既可以为皮肤补充维生素A，也可以达到很好的补水效果，可谓营养价值非常高的天然面膜。

一般来说，人为地去除角质，本身就会对皮肤造成不小的刺激。如果使用过于频繁或者强度过大，就会造成皮肤对太阳光或其他外部刺激敏感，或因为角质层过薄，皮肤水分流失快，加剧皮肤老化，最终出现像莲枝一样皮肤瘙痒的症状。由于变薄的皮肤组织难以恢复正常，所以，最开始使用去角质产品的时候就不要过于频繁，保持适度原则，才能达到理想的效果。

此外，如果每个星期都去蒸桑拿的话，就无须另外去除角质了。蒸桑拿之后，角质已经在一定程度上得到去除，皮肤血液循环也活跃起来，此时的皮肤变得更加敏感，应该避免对其造成更多的刺激。

睡前做个天然面膜，第二天的皮肤水水嫩嫩。

自制天然磨砂膏

菠萝麦饭石磨砂膏

材料：菠萝果肉100克，蜂蜜1汤匙，柠檬1/3个，麦饭石粉末5克。

方法：（1）取菠萝果肉、蜂蜜、柠檬，搅碎后和麦饭石粉末混合在一起；（2）先用热毛巾敷脸，将角质软化，然后将混合物厚厚地涂在脸上，再进行3～5分钟按摩，之后用凉水冲洗干净即可。

功效：菠萝含有菠萝蛋白酶，可以有效去除已死的细胞；麦饭石可以吸附皮脂，让皮肤变得亮白健康。

酸奶燕麦磨砂膏

材料：燕麦粉3汤匙，酸奶2汤匙。

方法：（1）将燕麦粉、酸奶混合在一起调匀，涂在脸上轻轻按摩；（2）15分钟后用水洗净即可。

功效：燕麦是中性物质，基本上不会造成皮肤过敏或刺激皮肤，是一种适合用来美容的天然谷物。燕麦中含有的钙、铁、磷、锌等元素，可以促进皮肤的新陈代谢，达到清洁皮肤的效果。

猕猴桃山楂磨砂膏

材料：猕猴桃1个，山楂3个。

方法：（1）猕猴桃去皮，放入果汁机打成泥；（2）山楂去籽后研磨成膏状，与猕猴桃泥搅拌均匀；（3）洁面后将混合物涂于面部，轻轻按摩后，用清水洗净。

功效：猕猴桃富含维生素C，还含有丰富的维生素E以及多种矿物质、氨基酸等；山楂能够加速肌肤的新陈代谢，具有美白、排毒、延缓肌肤衰老的功效。

红糖蜂蜜磨砂膏

材料：红糖1汤匙，蜂蜜3汤匙。

方法：（1）将红糖、蜂蜜分别倒入搅拌机中，搅拌均匀，放置5分钟沉淀一下；（2）洁面后，取混合了红糖的蜂蜜来按摩面部，5~10分钟后用水洗净。

功效：蜂蜜中含有酶、蛋白质、矿物质，具有抗菌消炎、滋养皮肤的作用。

蜂蜜鸭梨磨砂膏

材料：鸭梨1个，蜂蜜、盐各适量，柠檬汁1汤匙。

方法：（1）把鸭梨洗净、切块，连皮（带一点核也可以）用搅拌机打成果泥，然后滤除果汁（果汁可以加些蜂蜜喝掉）；（2）在剩下的梨渣里加入蜂蜜，搅拌均匀后就可以涂抹在脸上了，适合中/干性皮肤者使用；（3）也可以加一点盐（或柠檬汁），能清除多余油脂，适合油性皮肤者使用。

功效：鸭梨富含维生素C，具有美白功效；蜂蜜是滋养皮肤的天然美容品。

去角质磨砂膏，可以帮助你有效地润泽肌肤和去角质，让肌肤水嫩靓丽。

临床上的角质护理方法

在医院中进行的角质护理，通常属于磨皮技术的一种。它可以有效地针对不同的皮肤类型进行护理，配合安全的成分，达到很好的效果。一般种类有水晶磨皮、有氧磨皮、皮肤剥落等方法。这些方法还可以同时达到去除角质和促进皮肤再生的双重效果。

如果在家中进行角质护理时遇到困难，或是经常产生皮肤问题，就可以考虑到医院进行有针对性的皮肤护理。以下介绍的角质护理方法，可以安全地去除沉积的角质，根据皮肤的不同状态，还可以附加美白或补充营养的功能。

科学护理角质

水晶磨皮

使用从天然矿物质中提取的颗粒细腻的水晶粉，有效地令皮肤角质及代谢废物脱落，是一种精细的磨皮手术。进行水晶磨皮前后，不需要特殊的护理，施行治疗后可以立即外出，也可以立即化妆。

有氧磨皮

有氧磨皮是在薄薄地磨皮的同时，让氧气和维生素C渗透至皮肤，以达到去死皮效果的一种磨皮方法。它属于离子治疗，在有氧磨皮的同时，还可以完成具有美白效果的有氧护理及维生素C渗透护理。另外，它能够减少皮肤所受的刺激，将磨皮效果发挥到最大化。

皮肤剥落

实行皮肤剥落方法治疗，可以溶解皮肤角质层中的死皮细胞，在皮肤的最外层使用乙醇酸（70%）、淋巴细胞液、三氯醋酸等药物来溶解角质。这样可以使皮肤具有很强的再生能力，从而促进老化角质脱落、新生细胞快速再生，打造出明亮清透的皮肤。

老化

比肉毒杆菌更有效的抗老化方法

这是老化的表现吗？

在面部上，位置不同的表情肌和皮肤连接的方法也各不相同。当我们微笑或者做出其他表情的时候，脸部肌肉会随之收缩或者被拉伸，生成很多细纹，尤其是额头和眼角部位。

此外，由于眼角及嘴角的皮脂分泌比较少，和其他部位相比，更容易变得干燥，失去弹性。配戴隐形眼镜、长时间使用电脑、压力大、过劳、常化眼部彩妆等，也是加速皮肤老化的原因。

对于忙碌的志勋来说，每天的生活几乎都是以工作为主，在家的时间少之又少。他自嘲是个大忙人，虽然年纪轻轻，却继承亡父的事业，因此每天的大部分时间都是在办公室或商务场所度过。我想了解他平时是否有一些不良的生活习惯而导致皱纹产生。他却答非所问地说："您有没有感觉到自己的房间很陌生呢？我常常有这种感觉。"

志勋只有30岁，可是额头、眉宇间却长满了皱纹，他说这都是自己的急脾气造成的。他总是无法掩饰自己所承受的压力，所有的情绪都会通过表情释放出来。志勋的皱纹就是典型的表情纹。虽然志勋的言谈显得很年轻，但是第一次见面的时候，他从外表上看像快40岁的人一样。

那么，皮肤老化是从什么时候开始的呢？一般来说，25岁以后，皮肤老化的速度便开始加快。一般情况下，皮肤更新1次的周期是28天左右，但是25岁以后，皮肤更新的周期会逐渐延长，达到48天左右。因此，细胞的再生水平就会降低。

同时，皮肤表面的角质不会轻易地脱落，角质层会逐渐沉积起来，变得厚而粗糙。皮肤因此变得干燥，慢慢失去弹性，出现皱纹等老化现象。为了延缓皮肤老化，最好的方法就是通过持续不断地护理，促进肌肤细胞的再生。

年轻人经常忽视对小皱纹的护理，这是其年长之后皱纹丛生的一个重要原因。同时，表情习惯也是产生皱纹的重要原因。不管是大笑还是皱眉，不断重复某些表情都容易产生皱纹。一般来说，额头、眉间、眼角、嘴角等由于表情产生较大动作的部位，经常会产生皱纹。

女性的眼角和男性的嘴角更容易产生皱纹。喜欢看喜剧节目，或者经常被逗笑的朋友，眼角可能更容易产生皱纹。不仅是眼角，咧嘴大笑的习惯也会造成法令纹的产生。另外，同样部位的皱纹，由于男性的肌肉力量比女性大，所以皱纹会更深、更明显。志勋就是一个很典型的例子，即使是面无表情的时候，脸上也能看到其经常皱眉的痕迹。

喜欢看喜剧的后果……

什么原因导致皮肤老化

❀ 吸烟是罪魁祸首

在造成志勋皮肤老化的原因中，吸烟可算是罪魁祸首。吸烟不仅会让皮肤变得干燥，同时还会妨碍皮肤吸收营养。因此，戒烟是志勋应对皮肤老化的最有效对策。1天吸1包香烟，不仅会造成皮肤的干燥，还会让面部产生难看的法令纹。因此，法令纹还有另一个名字，叫作"香烟纹"。

从这个名字可以看出，这些细纹的产生与吸烟有着非常直接的关系。不管是电波拉皮还是注射肉毒杆菌等专业治疗，虽然能够起到一定的改善皱纹的作用，但是如果持续不断地吸烟，还是会让皮肤变得更加干燥，让整个面部看起来非常衰老。

🌸 紫外线加速肌肤老化

除了香烟之外，加速皮肤老化的第二个重要原因，就是紫外线带来的影响。紫外线可以快速地将维持皮肤弹性的纤维破坏掉，容易引起晒黑、皱纹、色斑、干燥等肌肤问题。

对于紫外线的了解，不能仅限于防晒霜上的防晒指数，还必须了解的是紫外线的波段。引起皮肤老化的主要波段是UVA（长波黑斑效应紫外线）和UVB（中波红斑效应紫外线）。其中UVA对皮肤的伤害尤为严重，它可以直达真皮层，导致脂质和胶原蛋白的耗损，引起皮肤松弛和皱纹。UVA还会导致色素沉着，从而产生色斑，并且皮肤越白就越容易长斑。UVB会激活黑色素细胞，导致皮肤容易被晒黑。UVB还会损伤带有遗传信息的DNA，加速皮肤老化，甚至诱发癌变。

不可忽视的是，以前被人们所忽略的、一直认为被臭氧层隔绝在外的短波UVC（短波灭菌紫外线），由于近几十年环境污染的日益加剧，臭氧层被破坏得严重，也开始对人体皮肤造成伤害。

🌸 冬季不使用防晒产品

人们经常会以为冬季太阳光不强烈，无须使用防晒产品。实际上，冬天是皮肤对紫外线抵抗力最弱的时期。冬季寒冷的空气，加上室内的暖气，会让空气湿度降低，皮肤因此变得更加干燥。在这种情况下，如果让皮肤直接暴露在紫外线的照射之下，受到的伤害比夏季更严重。

另外，冬天在进行滑雪等室外运动的时候，经过白雪的反射，滑雪场的紫外线强度会变得更强，甚至直接晒伤皮肤，更别说增加面部杂斑和色斑了。与此同时，冬季造成皮肤老化的主要原因——UVA的量比夏天更多，如果不坚持使用防晒产品，会让皮肤快速衰老。

防晒就是防老化。

冬季皮肤非常干燥，所以最好选择含有保湿成分的防晒产品。如果冬季使用含油量较高的防晒产品，反而会让青春痘更加严重，因此不论是油性皮肤者还是干性皮肤者，都应该选择含水量丰富的乳液或啫喱质地的防晒产品。

❀ 洁面方法不当

在洁面的时候，水温也是非常重要的一个因素。如果用温度过高的水洗脸，或者洗脸的次数过多，会造成皮肤天然保湿因子的损伤，让皮肤变得更加干燥。

应该选择性质温和的洁面产品，从而减少对皮肤的刺激。另外，经常沐浴也是造成皮肤干燥的原因之一，因此，全身浸浴控制在1周1～2次就可以了。淋浴次数则根据皮肤类型，中度油性皮肤者宜每天淋浴，干性皮肤者2～3天淋浴1次最为适合。

在冬季，应该尽量避免过度使用去角质等清洁产品，保证面部水分。在预防皮肤老化的过程中，保证适当的水分供给是最基本的要求。干性皮肤者在使用补水精华的同时，为了保证水分不流失，还要注意补充油分，保持皮肤的水油平衡。此外，除了护肤，通过直接饮水也可以补充水分。最好能够养成小口频繁喝水的习惯，同时保持室内适当的湿度。

对抗皮肤老化的原则

我们将防止皮肤老化的方法进行整理，具体如下。

1.均衡饮食，规律生活

均衡的饮食和规律的生活是必不可少的。为了让皮肤恢复再生能力，营养均衡的食物和充分的休息，以及适当的运动，都是非常重要的。尤其需要注意摄取富含维生素A、B族维生素、维生素E和蛋白质的食物。

抗氧化效果好的食物，能很好地预防皮肤老化。绿茶、豆类和新鲜蔬果就是其中的代表性食品。绿茶中含有的儿茶素成分，其抗氧化效果比维生素C要强。因此，使用绿茶面膜可以发挥很好的抗氧化效果。

维生素A、B族维生素、维生素E等营养素可以预防皮肤老化，这点已经被大家所熟知。具有抗氧化功效的维生素，可以有效对抗引起皮肤损伤的自由基，同时参与血管的再生和胶原蛋白合成。但是，维生素属于不易被人体吸收的物质，所以应该通过食用蔬菜水果更多地摄取，或者进行有助于维生素吸收的皮肤护理工作。

番茄、黑芝麻、坚果类所含的植物性脂肪，对抗皮肤老化也有很好的效果。番茄中所含的番茄红素，具有很好的抗氧化作用，植物性脂肪中的亚麻酸也可防止皮肤产生皱纹、失去弹性。

2.注意皮肤的干燥问题

如果皮肤持续地呈现干燥状态，就会快速产生皱纹，因此应该使用具有高效保湿功能的补水品。尤其是没有汗水和油脂分泌的唇部，一定要使用专门的润唇产品。

3.外出前一定要使用防晒产品

如果皮肤长时间暴露在紫外线的照射之下，维持皮肤弹性的弹性纤维就会被快速破坏，导致皮肤老化、失去弹性，并产生皱纹。因此，在外出前30分钟就需要涂好防晒产品。

4.进行适当的角质护理

如果皮肤表面累积的角质过厚，皮肤就会变得粗糙，水分和营养的供给也会受到影响，从而加快老化。因此，每周一定要进行1~2次角质护理。洗脸后用热毛巾敷脸5分钟，将角质软化之后，让面部保持微微湿润的状态，然后使用磨砂产品轻轻地揉搓1分钟，之后用温水冲洗即可。

5.改掉错误的表情习惯

年轻人还要注意防止由于表情产生的皱纹，平时需要纠正错误的表情习惯。经常无意识地皱眉，很容易使眉间、额头、眼周等部位出现皱纹，因此应该特别注意自己的表情习惯。另外，最好不要做出过于夸张的表情，并通过面部瑜伽等运动放松面部肌肉，防止皱纹的产生。

抗老化美容粥 "紧急集合"

菊花粥

材料：干菊花20克，粳米100克。

方法：将干菊花碾成细粉备用；粳米加水煮粥，待粥八分熟的时候撒入菊花粉，煮开即可食用。

功效：菊花中含有香精油、菊花素、氨基酸和维生素等物质，可抑制皮肤黑色素形成，并能清肝明目、清热解毒，有很好的美容护肤作用，长期食用更能抗老防衰。

荷花粥

材料：鲜荷叶、鲜荷花各15克，粳米100克。

方法：将新鲜荷叶、荷花洗净；用粳米煮粥，八分熟时将荷叶和荷花放入，再煮10分钟左右即可食用。

功效：荷花中含有槲皮素和檞草素等成分，能有效改善面部油脂分泌，减轻痤疮症状，使人面色红润。此外，它还具有减肥、降脂、瘦身的功效，长期食用，能够起到延缓衰老的作用。

玫瑰花粥

材料：小玫瑰花蕾4克，粳米100克。

方法：选取经过脱水处理的尚未开放的小玫瑰花蕾备用；取粳米熬制成粥，煮熟后放入小玫瑰花蕾，熬至小玫瑰花蕾呈粉红色时，即可食用。

功效：玫瑰具有活血、理气、疏肝、促进血液循环的功效。长期食用，能使肤色更显红润、娇嫩，并对雀斑有明显的淡化作用。

茉莉花粥

材料：干茉莉花5克，粳米100克。

方法：用粳米煮粥，八分熟时放入干茉莉花，再煮10分钟即可食用。

功效：茉莉花含有丰富的有机物和维生素，可以调理干燥皮肤，镇静肌肤，具有美肌、提神、防老抗衰的功效。

通过对症治疗改善皱纹

　　志勋可以通过接受对症治疗来改善皱纹。但是，如果他不能改掉不良的生活习惯，美容手术只能起到短期的作用。在他这个年纪产生皱纹，一般由多个复杂的因素共同作用。单纯的皮肤干燥以及大笑、紫外线等单一因素，都不会让皮肤在短时间内出现老化。

　　志勋忙碌的生活方式，是产生皱纹的一个很大的原因。忙碌的生活不仅让他身心俱疲，也同样让他的皮肤出现问题。另外，一般男性对于皮肤问题都是采取听之任之的态度，所以很多人甚至连解决皮肤问题的想法都没有。像志勋这样能够主动到皮肤科求治的例子，在男性中已经实属少见。

　　在接受面部电波拉皮治疗以后，志勋又配合进行了周期性的保湿护理，并且下定决心戒掉了吸烟的习惯。经过这些治疗，他的皮肤逐渐恢复了一些弹性。

　　像志勋这样的例子其实很普遍，很多男性虽然接触美容护肤的时间比较晚，但是一开始接触，尝到皮肤护理的"甜头"后，便"一发不可收拾"。在我认识的学弟中，还有不少自己动手制作天然面膜的。

　　电波拉皮治疗，是一种将高频电波传导至皮肤深处，使强力的热量渗透到真皮和皮下脂肪层，从而达到治疗皱纹目的的方法。治疗中产生的热量会让皮肤原有的胶原蛋白收缩，使之恢复弹性；同时，还可以有效地诱导胶原蛋白的合成，进而改善深浅不一的皱纹。

　　电波拉皮并不是手术，也不会产生创口，所以不会影响日常的

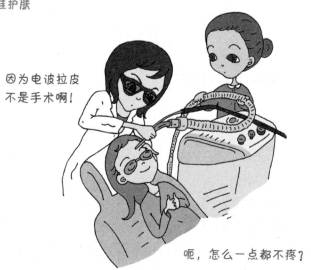

社交生活。求治者接受治疗后可以立刻洗脸或化妆，因此受到很多想要改善皱纹的上班族的欢迎。不过，使用这种方法之后，不会立即产生明显的效果，需要经过2~3个月的恢复时间才能看到改变。整个治疗的过程需要6个月左右，并可以维持1~3年。

比肉毒杆菌更有效的抗老化方法

除了抗老化食物，专业的美容手段也可以防止老化。大家都听过肉毒杆菌，通过注射肉毒杆菌来麻痹表情肌，对于眉间的皱纹及眼角皱纹具有很好的改善效果。除此之外，电波拉皮和脉石等高频波治疗也可以改善皮肤的弹性。不过，在选择这些治疗方法之前，最好在日常生活中多加注意，防止环境因素引起的皮肤老化。

在这里，我要向大家介绍一种比注射肉毒杆菌更好的方法。使用这种方法没有任何副作用，适合任何类型的皮肤，甚至孕产妇也可以使用。此外，它可以让我们全身大部分肌肉得到锻炼，让皮肤重新恢复活力，还可以缓解肌肉的紧张，带给人体愉悦的感觉，还能够促进消化。同时，它还能促进脑内啡的分泌，让我们减少忧虑和担心。

这种方法在日常生活中可以不受限制地使用。世界上可能没有一种方法比它更好了，那就是微笑。世界上任何人都会微笑，即使没有医生的指导，每个人也都可以利用好这副防治皱纹的良方。

有助于皮肤恢复紧致的按摩法

（1）在额头上画圈，之后从外向内轻轻地推压。

（2）用手指轻轻向上摩擦鼻子两侧，并按压内眼角的穴位（睛明穴）。

（3）用两手按压人中，然后以嘴巴为中心，进行画圈的动作。

（4）将两手的手掌贴在脸颊上，由内向外画螺旋形按摩；之后用手指按住太阳穴，轻轻向太阳穴上方拉紧。

（5）用手掌由下向上摩擦颈部。

（6）在两颊处由下向上、由内向外边画圆边按摩。

注意：按摩皮肤时一定要保持脸部和手部洁净；如果能够搭配合适的保养品等作为按摩介质，效果会更佳。

护肤课堂10：
面部潮红
令人难堪的"红萝卜小姐"

　　很多人认为面部发红的症状，也就是面部潮红不是什么大问题，但不少人深受面部潮红的困扰，甚至因此错过了一些重要的面试或约会。

　　面部潮红大体可以分为3种，包括情绪引起的潮红、温度引起的潮红，以及一般潮红。

我们把面部发红的症状，称为"面部潮红"。很多人并不认为这是需要特别注意的问题。想到某人由于羞愧而面红耳赤的样子，就不难理解潮红是一种怎样的表现。

当遇到外部环境或者情绪剧烈变化的时候，面部的毛细血管会充血扩张，自然而然地出现面红耳赤现象。不过，如果一天中反复出现这种现象，或者脸色由红色恢复至正常脸色需要很长时间，就需要判断自己是不是有面部潮红的问题。

如果用肉眼可以明显看到面部长时间不会缓解的红色，或者可以直接看到面部红色的血管，就可以判断脸上出现了潮红现象。

为什么会出现面部潮红

根据产生原因，面部潮红大致可分为3种，包括情绪引起的面部潮红、温度引起的面部潮红，以及一般潮红。

❧ 情绪引起的面部潮红

情绪引起的潮红和一般潮红很难区分。有的人在众人面前演讲或者惊慌失措的时候，面部就会产生发红的现象。这时，最令人感到难堪的就是，从红脸变回正常的脸色需要很长一段时间。当情况严重的时候，连眼睛也会发涩。甚至，有的人一想到即将进行的重要演讲或约会，就会变得面红耳赤。很多患者因为这种情绪引起的面部潮红，错过了重要的面试或约会。

一想到重要的事情，就会出现无法掩饰的面红耳赤，这样的情况让人感到很苦恼。不过，情绪引起的面部潮红与其说是一种皮肤问题，不如说这是一种心态问题，更需要通过调整和控制自己的情绪来达到有效治愈的目的。对待情绪引起的面部潮红，最好的方法就是让身体适应紧张的状态。我们可以通过瑜伽等运动让自己拥有一颗平常心，坚持下去就可以让你慢慢远离这种尴尬。

❀ 温度引起的面部潮红

由温度引起的皮肤潮红，在寒冷的冬天最容易出现。

几乎每个人都遇到过这样的情况，冬季里被冷风直吹后，再进入温暖的室内，面部就会变得红彤彤的。

一般的人在适应室内温度之后，几分钟便会恢复原有的脸色。但是由温度引起的皮肤潮红，需要经过很长一般时间，脸色才能恢复。

症状严重的人，即使一直待在室内，情况也不会缓解。

如果皮肤轮流暴露在冷风和热风之中，自然会变得脆弱不堪。如果长期处于这样的环境下，即使皮肤原来没有大问题，也非常容易出现后天性的面部潮红。

❀ 一般面部潮红

一般面部潮红，指的是人面部长时间保持红晕的状态。

这种面部变红和情绪、气温没有关系，而是整个面部常常像苹果一样红彤彤的，而且不管用什么方法都很难掩盖。不过只要能够找到原因，就可以对症下药，找到解决的方法。但是，一般面部潮红最大的问题，就是无法找到其形成的原因。

一般的治疗方法都是从先天皮肤脆弱、容易变红的体质入手，或是从遗传的角度推测产生的原因。幸运的是，对付一般面部潮红并不是束手无策，在我治疗过的患者之中，有一些经过几个小时之后，症状就可以自然地消失。当出现一般面部潮红的问题，千万不要过于焦虑，而是需要经过持续的治疗，同时耐心等待一段时间后才能有很好的效果。

如果面部潮红已经严重到影响日常生活的程度，一定要咨询专业的医生，让医生诊断并找出原因，然后配以合适的治疗方法，才是当务之急。如果使用未经检验的民间疗法或者胡乱喝一些所谓"达人"推荐的药水，不仅不能解决面部潮红的问题，还很可能会使症状进一步恶化。

智慧小姐的困扰

面部潮红会给很多人造成巨大压力，使人产生自卑感。

> 智慧小姐从小因为面部潮红问题，承受了非常大的心理压力。她的父母曾经承诺，如果智慧能顺利考上大学，就带她去医院治疗。这个承诺几乎成为她努力考上大学的动力。
>
> 在日常生活中，不管是西瓜、番茄、红萝卜，还是红辣椒、辣汤面、辣炒年糕，只要是红色的食物，她绝

对一口都不吃。为此，她还经常和妈妈争吵。其实，她也知道红色的食物和面部潮红之间并没有必然的联系，但是一听到"红"这个字，她就会立刻打从心眼地感到厌烦。

从小学开始，智慧就特别讨厌体育课，经常装病逃课。而且她也绝对不会去蒸桑拿或者用热水洗脸，平时也尽量不吃滚烫的食物。

按理说，智慧对面部潮红的护理已经十分细致了，但是，脸上的潮红却没有丝毫好转的迹象。为什么会这样呢？

让我们来看一下她的皮肤状态吧。她的皮肤比较白，而且非常薄。另外，由于智慧从小就有过敏症状，她的母亲就从国外买回对过敏症状有效的乳液或软膏，让她涂在脸上，防止过敏。

从这里，我们可以找出她面部潮红的最主要原因了，那就是其先天性的皮肤特征以及滥用药物。面部潮红产生的原因多种多样，不过，在薄而白皙的皮肤上，症状更容易显现出来。因为面部潮红是由于毛细血管扩张引起的，所以，如果皮肤较薄或者肤色较白，就会像智慧这样，皮肤发红的症状尤为明显。

此外，如果长期患有青春痘或者过敏性皮炎等炎症性皮肤病，病变部位周围的潮红也会更加严重。即使在炎症消除之后，症状还是不会消失。紫外线照射也是造成面部潮红加重的原因之一。如果皮肤长时间暴露在紫外线之下，不仅会造成光老化，还会削弱血管的收缩功能，让面部产生的潮红更不容易消失。

我们在调查患者产生面部潮红原因的时候，发现滥用类固醇软膏造成潮红的案例不在少数。类固醇软膏可以发挥消炎止痒的作用，但是在使用上稍有不慎，就会让皮肤变薄，引起毛细血管扩张。因此，在使用此类软膏的时候，一定要按照医生的处方，而且使用前，一定要看清说明书上的注意事项，明确可能产生的副作用。

不过，瘙痒是一种让人非常难以忍受的症状。在古代，人们甚至还用引起瘙痒的方法来拷问犯人。因此，即使知道滥用药物的危险性，有的人还是忍不住过量使用。其实，当瘙痒严重到难以忍受的程度时，比起软膏，使用冰敷或者食盐水冲洗等方法更能有效地缓解瘙痒症状。

预防比治疗更重要

在这里有一个很遗憾的事实要告诉大家，就是造成面部潮红的毛细血管，一旦扩张就很难收缩回原有的状态。不管是用民间的疗

做面部瑜伽或按摩，有助于促进皮肤血液循环，增强皮肤弹性。

法，还是用功能性的化妆品，已经扩张的毛细血管都难以得到有效改善。因此，大家应该把精力放在预防上面。

为了避免皮肤因为刺激变得敏感，就要维持皮肤的抵抗力和良好弹性，平时应该注意持续地为皮肤提供营养，预防面部潮红。为了保持皮肤的健康，我们需要为皮肤提供适量动物性蛋白质、维生素C，以及促进血液循环的维生素E，之后配合面部瑜伽或按摩。

不妨来看一下静敏堪称模范的日常生活方式吧。

静敏的职业是化妆品公司经理人，因为随时会有业务上的洽谈，所以随时保持良好的外貌，对她来说是必不可少的。每次和客户见面之前，她都要提前10分钟到达约定地点。因为突然变热的气温或者突然改变的环境，都有可能引起面部潮红。

当冬天冷风频繁的时候，她会戴上口罩和围巾，防止脸部变得通红。而在炎热的夏天，她会认真地使用防晒产品，并且注意不大量流汗。到了夏天，她还会避免穿过于松垮的衣服，并且随身携带一把小扇子来调节面部的温度。

如果需要和客户吃饭，她会尽量选择菜式比较多样的餐厅，这样一来就可以避免吃辣的、过烫的食物。针对需要喝酒的场合，她会选择一些气氛较好的地方，用无酒精的饮料代替酒类，并且在谈话中主导整个进程，避免饮酒。

不管遇到什么样的情况，她都不会惊慌失措，因此给人留下办事干净利落的印象。不过，事实上，她也曾经被面部潮红困扰许久。面部潮红让她在商务场合看起来过度紧张，不知所措。而且，为了解决这个问题，静敏还特地接受过激光治疗。

　　静敏的经验，对于同样有面部潮红问题的患者来说，是十分值得借鉴的。当然，这样的习惯保持起来十分困难。不过，为了弥补自身的一些缺点，付出这些努力还是值得的。如果你认为如此完美的自我管理实现起来比较困难，不妨掌握以下几个要点。

❀ 选择具有镇静皮肤功能的化妆品
　　面部潮红出现的时候，使用少量带有镇静皮肤作用的化妆品，可以起到即时改善的效果。

❀ 控制情绪
　　对于那些由于外部刺激容易变得脸红的人们来说，控制自己的情绪，随时保持平和的心态很重要。经常在心里安慰自己说"没关系"，可以有效地提醒自己，调整好情绪。

❀ 使用补水面霜以及含有维生素K的面霜
　　补水面霜可以保护皮肤不受温度和湿度变化带来的伤害；而含有维生素K的面霜可以让皮肤变得更加紧致，有效缓解面部潮红现象。不过，使用这些面霜，很难在短期内取得明显的效果。此外，要知道毛细血管一旦扩张，就很难恢复到原来的状态，所以要做好心理准备。

❧ 去除心火

可以冲泡淡竹叶茶，代水饮用，以清心降火。

❧ 呼吸法

在治疗面部潮红的各种方法中，呼吸法是一种有效的治疗方法。有关研究报告显示，人每分钟进行6～8次深呼吸，可以减少40%的面部潮红现象。

远离皮肤潮红的烦恼

长时间持续的面部潮红，会影响皮肤对营养物质的吸收，让面部浮肿，严重的时候，还会造成面部毛细血管的过度扩张，让面部看起来充满红血丝。也就是说，除了单纯的脸色变红以外，面部潮红还可能会发展成血管扩张类的慢性疾病。

扩张的血管不能自行恢复到收缩的状态，所以就需要进行专业的治疗，能被血红蛋白吸收的血管激光效果最佳。

这种治疗方法，既可以有选择性地针对造成面部潮红的扩张血管，只将其破坏掉，还可以同时治疗色素造成的皮肤疾病，例如黑斑、色斑、雀斑、杂斑等。根据每个人的不同情况，可每隔3～4周，进行3～5次治疗。

闭经期女性产生的面部潮红，大多是雌激素分泌减少引起的症状，因此应该选择激素疗法。在接受治疗后，要注意防晒和美白护理，避免皮肤暴露在气温剧烈变化的环境下。

敏感性皮肤
让肌肤不再"闹脾气"

　　令人胆战心惊的敏感性皮肤，该如何保持健康的状态呢？首先应该在日常生活中减少对皮肤的刺激。

　　敏感性皮肤的人，其皮肤细胞十分脆弱，护理的时候应该注意皮肤清洁和有针对性地选择化妆品。

一般认为，即使受到极小的外界刺激，也会立即发生反应的皮肤，就属于敏感性皮肤。

"敏感性皮肤"一词是化妆品界以消费者为对象造出来的网络名词，主要指使用洗面奶或化妆品等直接接触皮肤的产品时引起的过敏反应，症状包括瘙痒、发红、青春痘、角质老化和干燥等。

除了皮肤病以外，日常生活中，人们也常遇到皮肤过敏的问题。虽然皮肤状态看起来并没有那么糟糕，但是当更换化妆品、起风或者身体状态不好的时候，相信每个人都经历过由此引起的皮肤问题。不管是油性皮肤还是干性皮肤，瘙痒、发红、干燥等皮肤症状都十分普遍。

皮肤为何这般敏感

美国一项调查显示，有52%的女性认为自己属于敏感性皮肤。造成皮肤敏感的原因，可以分为先天性遗传因素和后天性的因素。

遗传因素，主要是指皮肤的角质层无法形成一定的厚度，从出生开始，皮肤对外部刺激的抵抗力就十分低下。后天性的因素，主要是指皮肤受到化妆品、洗面皂、洗发水等化学物质的反复刺激，或者由于过度使用磨砂膏以及频繁进行磨皮手术，造成皮肤保护膜被彻底破坏。因此，过度地清洁也是造成皮肤敏感的原因之一。

除此之外，有害物质、灰尘及太阳光等也是造成皮肤敏感的主要原因。滥用类固醇类软膏、女性闭经期激素分泌变化以及精神上的压力等，也可能造成皮肤敏感。另外，长期的吸烟习惯，也会让皮肤表皮变薄，从而加重皮肤敏感问题。

一般敏感性的皮肤，在使用化妆品之后，脸部会有刺痛或瘙痒的感觉。我们把这种现象称为"化妆毒素"。

化妆毒素可以引起两大类问题：一直使用一种化妆品，可能引起过敏性接触性皮炎；更换化妆品后产生的问题则是刺激性接触性皮炎。

如果皮肤比较敏感，那么经常更换化妆品就容易给皮肤造成负担。可是如果因为担心皮肤产生问题，就只用一个品牌的化妆品，也可能会出现前面所说的过敏性接触性皮炎。在刚开始使用某种化妆品的时候，没有任何刺激，但是如果反复使用，皮炎往往渐渐变得严重。有一些人会因为某种物质而出现皮炎，这是皮肤长时间接触有特定成分的化妆品造成的。

与此相反，刺激性接触性皮炎是指第一次使用化妆品就产生的皮炎。当皮肤受到一定程度的刺激，就会产生炎症。

为了确定自己的皮肤状态以及过敏反应，我们可以通过"斑贴试验"进行检测，这样就可以知道自己的皮肤应该尽量避免哪种成分。

刺激性较强的洁面

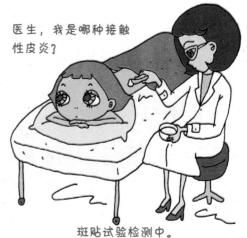

要做过测试才能确定。

医生，我是哪种接触性皮炎？

斑贴试验检测中。

产品以及防晒霜中的化学成分，也会引起皮肤敏感的问题。敏感性皮肤者在洗脸的时候，不要过于用力，动作要非常轻柔，目的在于去掉面部的污染物质以及代谢废物。

敏感性皮肤者会由于直吹冷风或者天气剧烈变化而皮肤变红，因此要特别注意天气变化。洗脸之后，敏感性皮肤会出现面部紧绷、角质浮出等典型的干性皮肤问题，同时还会伴随青春痘、红包等典型的油性皮肤化脓性皮肤问题。那么，面对这样症状复杂的敏感性皮肤，到底应该怎么办呢？

·小·心·护理敏感性皮肤

面对令人胆战心惊的敏感性皮肤，该如何保持健康的状态呢？

减少对皮肤的刺激

应该在日常生活中减少对皮肤的刺激。敏感性皮肤的人，其皮肤细胞十分脆弱，因此护理的时候应该格外注意皮肤清洁。

如果皮肤表面残留污浊物，极易引发炎症，因此应该选择刺激性小、质地温和的洁面产品。在洁面时让产品的泡沫充分包裹面部的污垢，然后轻轻地洗掉，减少对皮肤的刺激。

有针对性地选择化妆品

在选择化妆品的时候，首先应该确认产品的成分。最好选择成分种类比较少的化妆品，同时需要避开含有大量酒精、羊毛脂、动植物提取物、香料和防腐剂的化妆品。因为使用这几种成分混合的化妆品，日后引起皮肤问题时，很难发现究竟是哪种成分对自己的皮肤造成刺激。如果遇到皮肤过敏，可以通过前面说过的"斑贴试验"来检测过敏源。

一般敏感性皮肤专用的化妆品，都是无香料、无色素、无酒精的产品。让每个人产生敏感反应的成分不同，因此很难说清楚到底是哪一种成分在作用。不过，可以确定的是，乙醇酸、水杨酸、维生素A、熊果苷等浓度较高的功能性化妆品，造成皮肤刺激的概率会更高一些。

一般来说，功能性化妆品中，粉状质地的要比液体质地的刺激小。而彩妆方面，颜色越鲜艳的，刺激性可能会越高，因此要尽量选择黑色的眼线笔和睫毛膏，以及杏色到棕色之间的眼影。

在防晒霜方面，含有锌和钛等物理成分的防晒霜，其刺激性要比含有其他化学成分的小，对敏感性皮肤更加安全，引起过敏的概率更低。

有人会问，如果化妆品有刺激，能不能干脆不用化妆品了。实际上，柔肤水和乳液可以镇静皮肤，能够保护皮肤免受外界的刺激。皮肤敏感程度越高，越应该维持水油平衡的状态。过度去除角质，会对敏感性皮肤造成刺激，让皮肤变得更加干燥，所以尽量不要使用磨砂产品，而是选择去角质精华素，每周进行1次或者隔周进行1次。使用的时候，用手指轻轻地在T字区部位按压即可。

❧ 慎选直接接触皮肤的物品

另外，敏感性皮肤在选择直接接触面部的化妆工具、枕头、被子时，也最好选择天然材料，可以减少对皮肤的刺激，防止皮肤问题的产生。

尤其是寝具方面，一定要选择天然材料制成的产品，避免皮肤产生不适感，以保证优质的睡眠。睡眠不足是敏感性皮肤者的天敌，因此，应该尽量为自己创造舒适的睡眠环境。

敏感肌肤请"镇定"

维生素爽肤水

材料：维生素C3片，维生素B$_2$、维生素B$_6$各1片，谷维素1片，纯净水50毫升。

方法：将维生素C、维生素B$_2$、维生素B$_6$、谷维素捣成粉末，加入纯净水摇匀，在皮肤感到不适时使用。

功效：维生素C具有美白功效；维生素B$_2$和维生素B$_6$有消炎、祛痘、抗过敏的作用；谷维素可镇静助眠、舒缓肌肤，对敏感性皮肤有明显的镇静效果。

有镇静功能的化妆品材料

洋甘菊：修复受损的毛细血管，减轻过敏现象，镇静消炎。

金盏花：具有超强促愈合能力，可杀菌、收敛伤口，调理发炎、暗疮和毛孔粗大肌肤，防止疤痕的产生。

芦荟：收敛皮肤、消炎、保湿，具有去除硬化、角质化，淡化疤痕的作用；能防止小皱纹、眼袋、皮肤松弛，对粉刺、雀斑、痤疮以及烫伤、刀伤、虫咬等亦有很好的疗效。

金缕梅：收敛、美白，改善毛细血管壁的弹性，帮助修复伤口。

小黄瓜：含有天然的美白、保湿、排毒、舒缓成分。

B族维生素：调节肌肤的代谢和腺体分泌，提高肌肤的免疫力。

天然氨基酸：pH值与皮肤相近，是天然的皮肤滋润剂，可以增强皮肤抵抗力，尤其适合敏感性皮肤，并可消炎、抗过敏、解毒。

敏感性皮肤的人可以选用以上材料制成的化妆品。只要坚持正确的皮肤护理方法，使用有修复功能的化妆品，尽量避免不良因素的刺激，慢慢地，敏感的皮肤就会恢复到健康状态。

护肤课堂12:

去除体毛
越痛苦的方法越有效吗

从常识上来说，人为的刺激对皮肤绝对不会有好处。

不管是用什么方法去除体毛，都不可避免地会刺激皮肤，造成皮肤损伤。

去除体毛也会有一定的副作用，其中最明显的就是刺痛和瘙痒，或者在去除体毛的部位产生色素沉着，引发炎症。尤其是用镊子夹出体毛的时候，稍有不慎就会留下疤痕。

每个国家的人对美的看法不同，对体毛的态度也各具差异。有的国家，人们对去除腋毛等体毛的问题就不甚在意。但是在韩国，大部分女性都认为腋毛和腿毛直接影响美观，所以想出了各种方法来去除。

韩国女性一般使用剃刀、脱毛膏、脱毛啫喱、蜡纸、电动除毛器、激光除毛等各种方法来去除体毛。在众多方法当中，哪一种最安全、最有效呢？最佳的答案是"因人而异"。

镊子去毛法

首先，从效果上来看，似乎是去除体毛时越痛，效果就会越明显。可是，如果当真如此，难道就要每次忍着强烈的疼痛，用镊子一根一根地拔掉体毛吗？

爱干净的慧珠，总是因为和体毛"作战"而忙得不可开交。她的体毛较粗，即使用剃刀剃过，留下的毛根也十分明显。所以，她干脆选择用镊子来拔除腋毛。相信用过镊子拔体毛的人都知道，每次拔下一根，都要忍受剧烈的疼痛。这种方法比较痛苦，而且十分麻烦，但短期的效果十分显著。

不过，慧珠坚持用镊子拔除腋毛一两年以后，腋下的皮肤开始变成深褐色。另外，偶尔没有处理好的皮肤还会留下疤痕。所以，现在即使将腋毛去除干净了，慧珠还是不得不穿着半袖衣服来遮掩。

用镊子拔除腋毛，稍不注意就会造成腋下皮肤感染甚至化脓。受伤的部位受汗水浸渍，还会刺痛难忍。腋下的皮肤比较脆弱，如果像这样用镊子来去除体毛，容易造成毛囊损伤，诱发毛囊炎。

另外，像慧珠这样，腋下的皮肤慢慢变成深褐色，就表明已经开始出现色素沉着。每次看到由于去除体毛导致腋下色素沉着的女性患者，我都感到十分惋惜。我衷心地希望每一位女性都能够掌握去除体毛的正确方法，做拥有好皮肤的健康美人。

总之，如果体毛较粗，用镊子拔的方法最为有效快速。用镊子直接拔除体毛，效果会维持2～4周。但是，和其他方法相比，这种方法所带来的刺激性和痛苦都会更加强烈。另外，用镊子拔过体毛的部位，很有可能因细菌而引起炎症，而且毛囊还会像鸡皮疙瘩一样突起；在去毛部位，还可能发生色素沉着；被拔掉体毛的毛囊还会产生收缩的情况，新长出的毛发堆积在毛根附近，十分难看；还有的毛发无法自然地长出皮肤表面，而在皮肤内部继续生长。

剃刀去毛法

用剃刀去除体毛的方法很普遍。不过，这种方法并非完全没有问题。

> 佳英也有过去除体毛的痛苦回忆，一到夏天就感到恐惧。1年前，佳英用剃刀去除体毛，结果引发皮炎，受了不少苦。她的手脚上体毛较多，所以每次洗澡的时候，都会用剃刀去除体毛。但是，由于每次使用完都没有好好清洗剃刀，结果引发了皮炎，整个夏天都只能忍受炎症和皮肤瘙痒带来的折磨。

用剃刀去毛，是各种去毛方法中刺激性最小的，在任何地方都能使用，而且几乎没有任何痛苦。不仅如此，剃刀使用起来还非常方便，价格也很便宜，可算是非常实用的去毛方法。用剃刀去毛的时候，只要注意剃刀的清洁，大部分都不会造成皮肤问题。但是，剃刀也会像镊子一样，造成皮肤细微的伤口，使细菌进入伤口，引发毛囊炎。另外，用剃刀剃过的体毛，其残留的毛根看起来反而更粗，所以效果并不是那么令人满意。

使用剃刀去毛，最好是在沐浴时，即体毛变软的时候进行。去除腋毛的时候，要顺着腋毛生长的方向剃除。而去除手脚上的体毛时，则需要逆着体毛生长的方向剃除。在比较短的时间间隔内，反复剃除几次，效果最佳。剃除体毛以后，要用水洗干净，并且进行冷敷。最好不要使用肥皂或浴液的泡沫作为剃毛膏，而是使用专用的剃毛啫喱、剃毛膏或剃毛泡沫，以保护皮肤不受刺激。

患有皮肤病、糖尿病或者皮肤敏感的人，即使使用剃刀也容易造成皮肤感染。因此，上述人士最好尽量避免使用这种会对皮肤造成刺激的剃刀去毛法。

蜡纸去毛法

蜡纸去毛法，针对手脚等大面积部位的体毛，可以做到一次性地连根拔除。蜡纸除毛法的效果十分明显，使用后体毛除得十分干净。在使用蜡纸之前，可以用温水浸泡相应部位；使用蜡纸之后，利用冷敷的方法帮助皮肤毛孔收缩。

使用蜡纸去毛以后，体毛经过2~4周才会重新长出来，因此这种方法的持续时间相对较长。但是，撕掉蜡纸的时候，痛感明显，尤其是面部，会带来很大的刺激。蜡纸会将死皮一起去掉，所以皮肤脆弱或敏感者，使用时需要特别注意。

此外，如果对蜡纸过敏，还可能诱发过敏性皮炎。因此，使用前最好进行"斑贴试验"，确认安全后再使用。

脱毛膏去毛发 ✂

除此之外，还可以使用能够溶解体毛的脱毛膏。使用脱毛膏没有任何痛苦，而且操作时相对比较简便，去除体毛的效果也比较好。但是，脱毛膏只能去除体外部分的体毛，并且1周需要反复使用几次，相对麻烦。

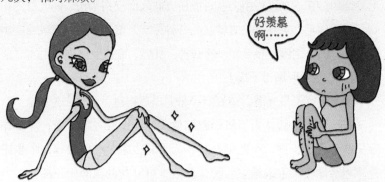

好羡慕啊……

大部分脱毛膏中都含有硫化物成分，在除毛的同时会溶解皮肤角质，让皮肤变得脆弱，还容易引发刺激性接触性皮炎。因此，使用的时候一定要按照说明书上标明的时间涂抹，用完还要将脱毛膏清洗干净，保证皮肤上没有任何残留物。

永久性去毛法 ✂

最近，很多患者为了解决去毛问题，纷纷前来咨询永久性去毛法。这种方法主要使用激光来消除毛根，从而达到永久性的去毛效果。永久性去毛法虽然基本没有副作用，但是术后会出现短暂性色素沉着，所以一定要在专业医生的指导下进行。

皮肤越白、毛发越粗壮的人，使用永久性去毛法的效果越明显。如果去毛部位肤色较暗，毛发比较细，颜色较浅，则需要反复进行几次激光治疗。

进行激光手术的时候，首先需要用剃刀剃除体毛，之后用激光将毛发烧焦。在这个过程中，有可能使皮肤表面受到损伤，因此首先用剃刀剃除体毛，实际上是对皮肤的一种保护。激光只会对黑色素产生反应。之后，用镊子将毛根一起拔掉。注意，在接受激光去毛术之前1个月，尽量不要用镊子拔毛。

如果进行了日光浴，最好2~3个月以后再进行激光去毛术。

剃除体毛以后，为了将相应部位的体毛彻底去除干净，需要先涂抹麻醉软膏，进行小范围麻醉；为了减少术中的疼痛感，医生还会使用冷冻胶。手术结束后配合冷敷，可以帮助镇静相应部位。为了减少皮肤损伤，医生还会给患者涂抹具有修复作用的软膏。

去毛后3~5天，不要蒸桑拿或是用热水洗澡。在去毛部位的红肿症状消失之前，要避免光照直射，可以使用防晒霜隔离紫外线。

在实行激光去毛术的时候，医生会根据患者去毛的部位、皮肤颜色、治疗过程等具体情况来选择不同的治疗强度和波长。因此，虽然去毛过程看上去比较简单，但是也需要专业的医生来具体操作。

激光去毛术在使用早期曾产生一定的副作用，但是现在已基本无副作用。此外，现在的激光去毛术，不会产生任何痛感就能够达到永久去毛的效果。

护肤课堂13:

头发

像护肤一样呵护秀发

　　很多人都认为，没有认真洗头，让头发变得脏兮兮的，是造成头皮屑的最大原因。

　　实际上，造成头皮屑的原因是多种多样的。

　　头皮屑可以是脂溢性皮炎最轻微的症状，也可能是因为头皮干燥，或者是过敏性皮炎、牛皮癣等皮肤病引起的症状。

　　如果过于频繁地洗头，或者洗头时没有冲洗干净，都会造成头皮屑。

　　另外，频繁地使用吹风机吹干头发，也可能产生干燥性头皮屑。

认识我们的头皮屑

上大学的时候，有一位女同学给我留下了十分深刻的印象。用"清纯""清新"等词语形容她，真是再合适不过了。苗条的身材配上一头飘逸的黑发，让她在男生中总是受到公主般的待遇。她的衣着和自身气质十分符合，她总是喜欢穿白色的衣服。穿上了雪白的上衣或连衣裙，连同为女生的我也觉得十分美丽。

但是，过了春天和夏天，当天气变冷的时候，我才知道她喜欢穿白色衣服的真正原因，那便是严重影响她形象的头皮屑。到了秋天，她换上了深色的外套，肩上的白色头皮屑便格外显眼。虽然她时不时就会掸掸自己的肩膀，但是仍然无法完美地掩饰头皮屑的问题。在看到头皮屑的瞬间，我对她的美好印象也大打折扣了。

据科学统计，每5名成人中，就会有1人受到头皮屑困扰。可见，头皮屑是一种十分常见的"皮肤病"。一般来说，头皮角质以28天为一个周期，进行周期性脱落。如果这个周期缩短为7~21天的话，角质就无法正常脱落，会结成小块，形成头皮屑。老化的头皮角质裂开以后，和头部的汗水、皮脂混合在一起，同时还会引起瘙痒的症状。这时只要稍微挠挠头，白色的角质（头皮屑）就会脱落到肩膀上。

头皮屑可以分为干性和油性两种类型，但很难用一个明确的标准来区分。不过，通过它们的伴随症状，大致可以用"干性"和"油性"来表达。

油性头皮屑，是指过度分泌的皮脂凝固在头皮上，形成黏黏糊糊的状态。先天性油性发质的人，经常会出现这种情况。在皮脂过度分泌的影响下，生长在皮肤内的一种霉菌——糠秕孢子菌会大量繁殖，从而造成头皮屑呈现油性。汗水和尘土极易附着在头皮上，造成发根周围的角质凝结，形成很多黄色的油乎乎的块状物。

而干性头皮屑，就是常见的白色鳞片状头皮屑。它经常伴随头部瘙痒，是从头皮掉落的小块的白色石棉碎片一样的物质。

勤洗头能消除头皮屑吗

曾经有一次，一位高中男生和他的母亲一起到我们医院就诊。男生所在的学校是一所男女同校的高中，由于头皮屑非常严重，他的同学们，特别是女生，经常有意避开他。他为此感到十分苦恼。甚至身边的好朋友还开玩笑地劝他每天别忘了洗头。事实上，他每天早上出门前都会洗头，可是不知道为什么还会出现这样的状况。于是，他向我咨询："是不是因为洗头的次数太过频繁，才会造成头皮屑？"

他的担心不无道理。造成头皮屑的原因很多，过于频繁地洗头确实可能造成头皮屑。

另外，频繁地使用吹风机，也可能产生干燥性头皮屑。这位男生产生头皮屑的原因，主要是头皮干燥和频繁洗头的习惯。如果想要缓解症状，在洗头的时候，需要使用洁净力较弱的洗发水揉搓头皮，然后用温水反复冲洗几次。另外，即使头皮发痒，也不要用指甲去抓，而要用指腹像按摩般轻轻按压头皮，防止其受到过度的刺激。

 ## 减少头皮屑的按摩法

通过按摩可使头部皮肤温度升高，有利于改善头部的血液循环，让皮脂腺、汗腺、毛囊等头皮的附属器官发挥正常功能，从而使头皮屑逐渐减少。

（1）用双侧或单侧手指与手掌，从前额发际处向后脑勺处来回转动按摩，重复做20~30次，到头皮有发热感为止。

（2）除拇指外的四指并拢，从前发际处向后轻轻敲打，重复5~10次，以放松头皮。

以上两种方法每日做2次，每次5分钟即可。长期按照这个方法按摩头皮，可以达到预防、减少头皮屑的目的。按摩时手法要轻柔，动作要和缓，要经常修剪指甲，以防划破头皮。

如何有效预防头皮屑

为了预防头皮屑，一定要注意日常生活中头皮的清洁。如果头皮长时间处于比较脏、比较油的状态，细菌繁殖就会加快，头皮屑的症状就会加重。洗头之后，不要频繁使用吹风机的热风直接吹头发，最好用毛巾按压头发，吸去水分，让头发自然晾干。平时还要注意放松减压，保证均衡的膳食和充足的睡眠。做好这些基本的工作，就可以有效地改善及预防头皮屑的产生。

如果头皮屑比较严重，影响日常生活，可以到专业的皮肤科求治，在医生的指导下，选择外用药物或药用洗发水，正确地解决头皮屑问题。如果长时间置之不理，头皮屑进一步加重，会导致脱发现象，还会诱发脂溢性皮炎、皮肤干燥症、过敏性皮炎、牛皮癣等病症。

市面上有各种各样的去头屑洗发水，这些产品中加入了抑制头皮屑的吡硫瓮锌、吡啶酮乙醇胺盐、酮康唑等成分。通过使用这类洗发水产品，可以在一定程度上达到去除头皮屑的效果。当症状严重的时候，可以使用含类固醇制剂或乙酰水杨酸成分的药物洗发2周左右。还可以在医生指导下配合口服药，达到更好的治疗效果。

有干性头皮屑的人可以在梳头之后，选择油质或乳霜等带有油分的产品，在头皮上轻轻按摩，然后用热毛巾热敷或者戴上浴帽热熏，15～30分钟后用温水反复冲洗，务必洗净头皮上残留的洗发水。如果洗头发的次数过于频繁，会让头皮屑更加严重。最好2天洗1次头发，1周做1～2次发膜或焗油护理，为头发提供充足的营养。

有油性头皮屑的人在洗头发的时候，绝对不能因为瘙痒而用指甲挠头。如果因此造成头皮受伤，更容易引起细菌感染。

 去屑小贴士

1.控制饮食

避免食用煎炸、辛辣、含酒精及咖啡因的食物，因为这些会刺激头皮油脂分泌，增加头皮屑。

2.用温水洗头

过热的水温会刺激头皮的油脂分泌，令头油更多；过凉的水则会令毛孔收缩，使头发、头皮内的污垢不能被清洗干净。

3.勿用指甲梳头

很多女孩子喜欢用"五指梳"（五个手指）代替梳子来打理头发，这样并不好，因为尖锐的指甲非常容易刮伤头皮，造成头皮损伤。

4.勿长期使用同一款洗发水

洗发水的清洁效力对头发只是短暂性的，同一款洗发水大约1个星期就会被头皮适应，而使清洁效果大打折扣，所以最好同时买2瓶洗发水交替使用。

5.尽量避免使用发胶等化学性用品

现代美发用品所含的化学成分大多会伤害发质、刺激头皮，长期使用，会加剧头皮屑的生成。

多种因素造成脱发

去年夏天，即将毕业的女大学生秀妍，忧心忡忡地走进我的诊室。她长着一张充满孩子气的脸，戴着帽子，穿着休闲的服装，一副青春活泼的大学生模样。

"她又不是有青春痘问题……到底为什么要来医院呢？"就在我猜测她到访的原因时，秀妍叹了口气，摘下帽子，低下了头。这时我才发现，她的头顶中央有一片头发完全掉光了。秀妍对我说，最近面临毕业，十分担心脱发对其就业的影响，因此心里承受着巨大的压力。

从前，我们经常把脱发称作"秃顶"，并认为秃顶是那些无法"战胜岁月"的中年男性的典型特征。可是现在，一些本该以浓密秀发而自豪的20多岁女性也会饱受脱发的困扰，越来越多的年轻人前来医院治疗。

造成脱发的原因有很多，一般来说，可以分为遗传因素，即雄性激素作用，过度的身心压力，减肥、偏食等造成的营养障碍，以及甲状腺疾病、贫血、脂溢性皮炎、自身免疫性疾病等。

对于女性而言，怀孕、分娩等给身体带来的巨大压力，以及服用避孕药等药物产生的副作用，也可能造成脱发。此外，脱发造成的心理压力，反而会让脱发现象更加严重，让人陷入苦恼的恶性循环中。

有关脱发的这些说法，对还是错

❀ 常洗头会让头发掉得更多

错 头皮清洁是预防脱发的好办法。洗头时掉落的头发，都已经进入生长休止期。健康的头发是不会在洗发时掉落的，因此大可不必担心。

❀ 晚上洗头对头发不好

错 为了保持健康的头皮和头发，最好在晚上洗头并晾干以后再入睡。白天粘在头发上的灰尘和头发造型产品，如果不能彻底地洗干净，与头皮上的皮脂混合后就易堵塞头皮毛孔，引起脱发。

❀ 洗头时用梳子梳头，对头皮健康有益

错 在头发湿润的状态下，如果用梳子梳头，会直接造成头发的损伤，还会对头皮造成一定刺激，是不可取的行为。

不过，在洗头之前用梳子梳头，可以促进头皮的血液循环。梳头的时候，可以按照从前向后、从左向右的顺序。最好使用梳齿末端比较圆润的梳子。

❀ 按摩头皮有好处

看情况 适当地按摩头皮，可以促进头部血液循环，达到预防脱发的效果。但是，如果过度地刺激头皮，会使头皮受损，引起炎症，反而导致脱发。按摩的时候，一定要用指腹轻轻地按揉。

❇ 戴帽子会加重掉发

错 脱发不是在头皮外侧，而是在头皮内侧的毛囊中发生的现象，因此戴帽子和脱发没有任何关系。

轻松摆脱掉发之扰

脱发是由多种因素造成的，很难彻底地进行预防。不过，只要在日常生活中遵守保护头皮和头发健康的原则，便可以减缓脱发的速度，缓解脱发的症状。

❇ 充足的睡眠是最基本的条件

头发生长是细胞分裂产生的结果。如果身体得到了充分的休息，就可以给头发生长提供所需的充足营养，让头发保持健康状态。如果长期睡眠不足，即使是正常人，也会出现脱发的症状。因此，熬夜可以算是头发健康最大的敌人，应尽量养成晚上10点之前入睡的生活习惯。

❇ 缓解身心压力

最近，越来越多的人都有因压力造成的后天性脱发的经历。过大的身心压力，成为脱发的主要原因之一。因此，如果有心理压力的话，应该尽量想办法排解。在一天工作结束后，睡觉之前，可以进行半身浴或足浴，既可以缓解身体的紧绷感，又可以消除一定的压力。

❀ 保持头皮和头发的清洁

只要保持头皮和头发的清洁，就可以有效地减少脱发。脱发的主要原因之一，就是过量的皮脂和头皮屑，因此需要通过适当的护理来减少皮脂和头皮屑的产生。洗发的时候最好使用温水，最重要的就是要冲洗干净，不要让洗发水残留在头发和头皮上。另外，要外出的话，也应该等头发干透后再出去。

❀ 简单有益的伸展运动

长时间看电视或者使用电脑，会令身体血液循环不畅，久之影响头发的生长。如果长时间采用不正确的姿势坐在电脑前，腿部的血液就无法顺畅地循环，背部、腰部、肩部的肌肉就会变得僵硬。若因为工作需要，不得不长时间使用电脑，可以每隔一段时间就做一些简单的伸展运动，缓解肩部和手腕等部位的疲劳。

❀ 合理搭配饮食

蔬菜或水果等热量较低的食物，对头皮和头发的健康都非常有益。胡萝卜、菠菜、紫苏等蔬菜中，含有大量的维生素A和B族维生素。维生素A可以提高人体对蛋白质的利用率，B族维生素则可以参与人体的新陈代谢。而橙子、苹果、葡萄等水果中不仅含有维生素C、维生素A和B族维生素，还有丰富的矿物质，具有抗氧化作用，可以有效地延缓头皮衰老。除此以外，含有丰富谷氨酸、氨基酸的裙带菜、海菜等海藻类食物，对改善脱发也有很好的功效。

如何调节饮食防脱发

1.补铁

经常脱发的人体内缺铁，含铁丰富的食物有黄豆、黑豆、蛋类、带鱼、虾、熟花生、菠菜、鲤鱼、香蕉、胡萝卜、马铃薯等。

2.补充植物蛋白

头发干枯、发梢开叉的人，可以多吃黄豆、黑芝麻、玉米等粗杂粮。

3.补碘

头发的光泽与甲状腺的作用有关，适量补碘能增强甲状腺的分泌功能，有利于保持头发健康。可多吃海带、紫菜、牡蛎等食品。

4.补充维生素E

维生素E可抵抗机体衰老，促进细胞分裂，促使毛发生长。可多吃坚果、莴苣、黄花菜、卷心菜、黑芝麻等。

点点滴滴呵护秀发

事实上，发型是给他人留下好印象的关键因素。可是，对于某些女性而言，头发问题却无法让她们塑造理想的发型。因此，最近有越来越多的女性，将头发的护理看得和皮肤护理一样重要，为自己的发型费尽心思。

　　为了拥有清透白皙的肌肤，正确的卸妆和洁面是最基础的保养步骤。而为了拥有健康、有光泽的头发，正确的洗头方法也是最基本的。洗头时，最好按以下顺序进行：

> 　　洗发前梳头=>一边洗头，一边用指腹按摩头皮=>用热水冲洗几次，最后一次用温水冲洗=>给头发涂上护发素，注意避开头皮=>为了让头发更好地吸收护发素，可以用粗齿的梳子轻轻地梳理，或者用手指进行头发按摩=>用温水冲洗后，用较凉的水冲洗收尾=>用毛巾按压头部，将头发的水分擦干。

　　另外，为了拥有健康的头皮和头发，千万不要忽视梳头的作用。梳头可以刺激头皮的经络，让发根变得更加强韧。像前面所说的，在洗头前用梳子梳一梳头发，对头发的生长非常有利。梳头的时候，可以按照从前向后、从左向右的顺序。

　　梳头的时候，从发根的突起部位开始，最好从头皮到发梢，反复梳20～50次。不过，如果头发上残留造型产品或者在头发受损状态下梳头，会对头发造成刺激，需要格外注意。另外，如果在头发浸湿的状态下梳头，易让头发失去弹性，而且十分容易折断，一定要避免。应该选择梳齿比较宽的梳子，梳理的时候注意将头发中间打结的部分梳通。

　　大部分女性喜欢用吹风机吹干头发。事实上，如果想让头发更加健康，最好不用吹风机，而是自然风干。头发是由蛋白质构成的，因此对热风格外敏感。吹风机的热风会使头发失去水分，不仅让头发变得毛糙，还会破坏组成头发的蛋白质。因此，如必须使用吹风机，也要尽量选用吹风机的冷风，让吹风机距离头皮10厘米左右来吹干头皮部分。

按摩头皮可以促进发根的细胞分裂，促进血液循环，对防止脱发有很大的帮助。按摩的时候，用指腹均匀地按压整个头皮，手法类似敲打。也可以用中指指腹轻轻按压，从眉毛向前发线方向画圈按摩，也可以起到一定的作用。即使不是洗头的时候，也可以随时进行头部按摩，这是保持头发健康的一大要领。

发膜中含有很多营养物质和水分，它们会进入发丝，帮助修复纤维组织，尤其适合干枯和受损的发质。

有利于受损头发修复的发膜

牛奶发膜

材料：牛奶半杯。

方法：用化妆棉蘸上温热的牛奶，轻轻地拍打在头发上进行按摩，10分钟之后用温水洗净即可。

功效：牛奶中富含的蛋白质是滋养头发的天然营养成分。

黄豆水发膜

材料：黄豆50克。

方法：（1）将黄豆和2杯矿泉水一起煮开，调小火煮成一杯后放凉；（2）滤掉黄豆，用黄豆水进行最后一次头发清洗，洗后无需再用清水洗。

功效：这款发膜可以有效改善头发光泽，同时防治头皮发痒。

绿茶发膜

材料：绿茶5克。

方法：（1）用水长时间浸泡绿茶茶叶或者茶包；（2）用化妆棉蘸上茶水，在头发和头皮部位均匀地按摩。

功效：绿茶含有丰富的茶多酚，不仅对皮肤有抗氧化作用，还能够去油腻，使秀发保持清爽，非常适合出油旺盛的发质。

蛋清牛奶发膜

材料：鸡蛋2个，牛奶半杯。

方法：（1）将鸡蛋中的蛋清加入牛奶中，充分搅拌均匀后涂在头发上；（2）戴上塑料发帽，15分钟后用温水冲洗。

功效：蛋清和牛奶都可以滋养头发，有效地为头发提供蛋白质和水分。

香蕉酸奶发膜

材料：香蕉2根，酸奶100毫升，蜂蜜适量。

方法：（1）把香蕉、酸奶、蜂蜜放入搅拌机中，搅拌后倒入碗中；（2）用发刷把以上混合物从上往下刷在湿的头发上，停留30分钟后洗掉，最后洗发。

功效：香蕉中的钾元素对头发有一定的保湿作用；酸奶能提供维生素A和B族维生素；蜂蜜既保湿又滋润。长期使用这种自制发膜，有利于保持头发的水分。

维生素E蛋黄发膜

材料：鸡蛋2个（头发很长的可以多加1个），维生素E胶囊2粒。

方法：（1）把鸡蛋除去蛋清，取蛋黄搅拌均匀；（2）把维生素E胶囊刺破，将维生素E挤进蛋黄糊中；（3）将发膜均匀地涂在头发上，同时进行按摩，10~15分钟后冲洗干净。

功效：当头发变得粗糙的时候，为头发敷上维生素E蛋黄发膜，可以很好地修复受损的头发。

注意：冲洗的时候一定要用凉水，因为用热水冲洗，会让蛋黄粘在头发上，很难冲洗干净。

护肤课堂14:

脂肪纹

无法掩盖的脂肪纹

　　对女性而言，大部分脂肪纹都集中在平时不常暴露的部位，因此容易被忽略。

　　但是，那些长在明显部位的脂肪纹，还是会令人耿耿于怀，甚至让人承受一定的心理压力。

瘦身后的脂肪纹

　　拥有S形身体曲线的慧珍，在某大学人文学院中是出了名的好身材。她的身体线条纤细，长长的双手和双腿，以及轻盈的腰肢，呈现出完美的黄金比例，足以吸引每一个人的注意。

　　慧珍现在的体重还不足50千克，可是很少有人知道，2年前她的体重居然有80千克！当时她经常被朋友们取笑，被笑称是电影《美女的烦恼》的主人公。

　　其实，慧珍并不属于先天性肥胖的类型。不幸的是，她的体形在高三这一年变了，她将所有精力集中在学习上，所以忽略了对自己体重的管理。她心想：可以等到高考以后减肥，于是对渐渐变胖的身体不太在意。结果，她终于考上名牌大学。高考之后，她痛下决心开始减肥，断绝和外界的一切往来，专心地通过食物疗法和运动疗法进行减肥。

　　经过一个暑假的努力，她终于在入学前减肥成功了。可是，令她感到苦恼的是，由于当初体重急速增加，身体长出很多脂肪纹。这些集中在大腿、臀部和小腿附近的脂肪纹十分难看，令她感到自卑。

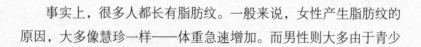

　　事实上，很多人都长有脂肪纹。一般来说，女性产生脂肪纹的原因，大多像慧珍一样——体重急速增加。而男性则大多由于青少

年时期身体快速生长发育造成的。脂肪纹是皮肤真皮组织发生变化，造成皮肤变薄而产生的一种现象，主要集中在腹部、臀部、大腿、膝盖后侧、小腿肚、乳房等部位。

脂肪纹一旦形成，想要彻底去除，并不是一件容易的事情。更确切地说，去除脂肪纹，几乎是不可能的事情，因此很多女性为此感到困扰。

慧珍为了消除脂肪纹，曾经买了很多种产品，她非常相信网上和电视购物节目中所说的消除脂肪纹产品，于是将大部分的零花钱都用来购买这些产品。可是买回家使用一段时间后，脂肪纹却没有任何消失的迹象。事实上，市面上出售的消除脂肪纹的产品，主要是用来预防脂肪纹的，对于消除已经产生的，却没有什么作用。

可怕的产后脂肪纹

　　刚刚生完孩子的竹溪一脸苦闷地来到医院。她对我说，她以前的身材十分完美，还做过腹部和腿部模特，对于调节体重和管理体形，向来有自己的一套独特方法。因此，即使结婚生子以后，她也很快恢复原来的身材。

　　去年冬天，她生下第一个孩子，在照顾孩子的同时，也没有放松对身体的管理，因此身材基本恢复到原来的状态。可是，每当她看到自己腹部的脂肪纹（妊娠纹），总是忍不住唉声叹气。由于分娩后体重迅速减轻，在不知不觉的情况下，她的腹部出现了红色的脂肪纹。虽然平时需要露出腹部的情况并不多，但是每次照镜子看到腹部上难看的脂肪纹时，她总会感到十分懊恼。

不仅如此，今年暑假，她还准备和丈夫一起去旅行。为了能在这次久违的旅行中找回恋爱时的感觉，她特地买了比基尼泳衣。可是，腹部明显的脂肪纹却让她感到格外郁闷。

脂肪纹产生的主要原因除了体重急速增加之外，像竹溪这样，妊娠期间出现脂肪纹的也不在少数。这种情况下产生的脂肪纹也常被称作妊娠纹。

针对腹部的脂肪纹，使用电波拉皮进行治疗，可以得到最佳的改善效果。一般来说，一共需要进行10次治疗，每次间隔1个月。如果竹溪在暑假来临之前才进行治疗，治疗时间会不够，因此需要提前开始治疗，才能在暑假的时候获得理想的改善效果。

应对脂肪纹的妙招

脂肪纹在刚开始出现的时候会发红，逐渐变成奶白色，呈现梳电波拉皮的治疗过程非常舒适，只需用电波探头轻轻推拿，就可以刺激新胶原蛋白的合成。

齿模样。当颜色变化之后，治疗就会变得更加困难，因此应该在出现初期便开始进行治疗。变成白色的脂肪纹，如果暴露在紫外线照射之下，周围的皮肤颜色会变黑，脂肪纹就会变得更加明显，因此应该格外注意做好防晒工作。

　　腿部的脂肪纹，可以通过微针滚轮和极细激光组合而成的"综合疤痕治疗法"进行治疗。综合疤痕治疗法，1次用200多个微针，截断无秩序的皮肤胶原纤维，帮助皮肤再生，让坚硬的疤痕变得柔软，自然地缓解疤痕症状。之后，再使用极细激光穿透皮肤的数千个毛孔，诱导不正常的真皮层组织，使其重新排列，复原为正常的纤维组织。

我们都知道，不管是什么疾病，预防比治疗更加重要。可是，脂肪纹却很难预防，因此，平时应该特别注意突然的体重增加或减少。在妊娠阶段，孕妇从怀孕3个月开始，就应该在淋浴以后，皮肤湿润的状态下使用预防脂肪纹的乳霜或精油，同时进行按摩，可以起到一定的预防作用。

前面我们已经说过，脂肪纹是十分常见的皮肤疾病。去除脂肪纹并不容易，如果使用民间疗法和市面上的护肤产品，很容易造成时间和金钱上的浪费。因此，最好咨询专业的医生，简单、科学、有效地应对脂肪纹。

预防脂肪纹的按摩法

大腿

在膝盖以上的大腿部位，用手轻轻进行按摩。使用两手的拇指，摩擦大腿下侧和小腿上侧，然后将手掌放在大腿上，从膝盖上侧开始向上按摩。

臀部

在臀部两侧进行画圈式按摩。从臀部的内侧向外侧转动按摩，然后从臀部下侧开始向上进行按摩。

腹部

以肚脐为中心，进行画圈式按摩。从肚脐的上侧开始，沿顺时针方向按摩整个腹部，然后以肚脐为中心，将圆圈的范围逐渐扩大。按摩的时候双手叠在一起，在整个腹部进行画圈式按摩。

胸部侧面

从胸部外侧向腋下部位，进行画直线式按摩。

胸部

从胸部下侧向上进行画圆式按摩。用双手的手掌沿乳头的方向轮流摩擦。双手从胸部外侧向中央位置按摩，然后在胸部中央进行画圈式按摩。

护肤课堂15：

鸡皮疙瘩和蛇皮纹
令人讨厌的皮肤纹路

　　我们常说的鸡皮疙瘩，学名叫"毛周角化症"。

　　它由毛孔内的角质堆积形成，主要集中在胳膊、大腿、肩膀等部位，在皮肤表面呈现出凹凸的突起状。

凹凸不平的鸡皮疙瘩

时下年轻人表达爱情的方式真是让人吃惊。前不久,我因为要参加一个学术会议,乘坐飞机前往国外。在飞机上,我看到一对情侣正深情接吻,他们旁若无人的样子,让人忍不住全身起鸡皮疙瘩。

当接触到自己不熟悉或者抗拒的情况时,五官上的神经组织会发生变化,皮肤会发生抽搐,汗毛向皮肤内侧紧缩。这种皮肤反应就是常说的鸡皮疙瘩。不过,这样的症状是暂时的。但是,有些人的皮肤上会一直存在鸡皮疙瘩,即使没有受到特别的刺激,皮肤表面也会出现这种状态,无论是视觉还是触觉上,都令人十分不快。

> 郑恩因为整个胳膊上的鸡皮疙瘩,每次和男朋友亲密接触的时候,都会让对方有不快的体验,因此特地到医院进行治疗。她说,自己从小开始,手臂上就遍布粗糙的鸡皮疙瘩。她属于体毛比较重的类型,开始以为是体毛造成的,于是便用蜡纸等方法进行去毛,可是症状却没有改善。于是,她抱着试一试的心态,来到医院寻找治疗的方法。

这种鸡皮疙瘩,学名叫作"毛周角化症"。毛周角化症形成的原因可以分为两大类。一类是由遗传因素造成的,从幼儿、少儿时期开始,在手臂、肩膀周围出现黑红色的鸡皮疙瘩,同时伴随瘙痒症状。这种情况主要出现在患有过敏性皮炎或者鱼鳞病等皮肤干燥症的患者身上。第二类是受后天因素影响形成的，例如洗澡过于频繁，或者洗澡的时候用力搓揉。郑恩以为自己的鸡皮疙瘩是皮肤角质造成的，因此每天晚上都会泡澡，让角质软化，然后用力搓揉。不过，事与愿违，这反而令她的症状加重了。

夏天室内的冷气和冬天室内过热的暖气，都会造成皮肤干燥症。在这种情况下，大腿和手臂就会感到严重的瘙痒，毛孔同时向外突起，变得粗糙，使毛周角化症更加严重。因此，在夏天，用电扇比开空调对皮肤更好；而冬天，室内温度稍低一些，会比过高的室温更好。

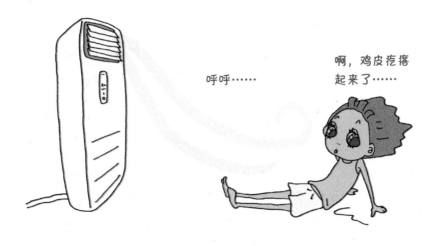

不要用手去挤鸡皮疙瘩

> 　　珍静是我的另一位患者，她经常用指甲在手臂上抓来抓去，造成整个手臂上出现了严重的伤痕和色素沉着，很难看。但是，她的面部却没有任何青春痘、面疱的痕迹，看起来十分干净。手臂上的痕迹不是由青春痘造成的，那又是什么原因呢？
>
> 　　仔细询问之后，我才知道引起她这种症状的是毛周角化症。和她给人的印象不同，她说自己是一个性子十分急的人，每当看到手臂上的鸡皮疙瘩，都无法忍耐，经常用手去挤或者抓。

　　实际上，有很多人都像珍静一样，认为毛周角化症是由角质造成的，因此会像挤青春痘一样用指甲去挤。但是，这样不仅会使症状加重，还会留下疤痕，并造成色素沉着，是最不明智的行为。像珍静这样的情况，不仅需要进行毛周角化症的治疗，同时还要淡化疤痕和治疗色素沉着。

　　为了预防毛周角化症，最重要的就是保持皮肤水润的状态。很多人都认为经常洗澡会让皮肤变得干净，事实上，如果淋浴过于频繁，虽然会洗掉我们身体上的脏物，但会将保持我们身体水分的皮脂一同洗掉，让身体水分加速流失。

　　如果夏天出汗多，必须每天洗澡，可以尽量减少使用沐浴产品，并缩短洗澡的时间。洗澡时如果水温过热，会造成皮肤水分流失加快，让其变得更加干燥，因此，应该用温水轻轻冲洗。另外，皮肤干燥的时候，一定不能用搓澡巾搓澡；并且，洗澡时不要使用洁净力过强的产品。和碱性香皂相比，中性或弱酸性的沐浴产品对皮肤造成的刺激更小。

如果毛周角化症的症状不太严重，可以在洗澡的时候先用温水冲洗身体，然后使用含有果酸成分的产品（如甘醇酸、乳酸等）并轻轻地按摩。这样不仅能够减少对皮肤的刺激，还能够缓解鸡皮疙瘩的症状。

在淋浴或泡澡之后，一定要注意皮肤的保湿。乳液或者乳霜的用量可以增加到平时的1.5倍。如果症状严重的话，也可以使用凡士林产品。另外，不要穿毛线衣或质地粗糙的内衣，而应选择质地柔软的棉内衣。如果鸡皮疙瘩的症状十分严重，已经影响到你的正常生活，可以在去除角质之后，涂抹5%的水杨酸软膏或角质软化剂，这样也可以达到明显的改善效果。水杨酸成分会渗透到毛孔里，柔和地溶解角质。角质软化剂的原理也是相同的。虽然这些药品在药店都可以买到，但是使用时一定要遵照医嘱。

选择适合自己的磨皮方法

鸡皮疙瘩多发于10～30岁的人。大部分人到了40～50岁，鸡皮疙瘩就会自然地消失，因此即使不进行特殊的治疗也没有关系。但是，如果对此有一定的心理压力，想要到医院进行治疗的话，可以参考下面介绍的几种方法。

在治疗毛周角化症的时候，医院一般采用小范围涂抹维生素A、淋巴磨皮及水晶磨皮等方法，一般进行5次治疗，每次治疗间隔1～2周。通过治疗，可以有效地改善皮肤突起的症状。

✿ 淋巴磨皮

淋巴磨皮是将乳酸、水杨酸、间苯二酚等药品混合在一起，通过拉长角质细胞间的细胞间隔以达到去除角质的效果。使用后，皮肤会出现短暂性的发红症状，一般在两三天后，皮肤表面就会出现白色的角质。这时候绝对不要用力撕扯角质，而是要等待它们自然脱落。接受淋巴磨皮之后，要尽量避免过于劳累，保证充分的休息，以帮助皮肤提高再生能力。

✿ 水晶磨皮

水晶磨皮使用水晶粉摩擦皮肤表面，可以柔和地去除表皮的角质层，而且在治疗过程中没有任何痛苦和出血现象，不会有大的危险性。此外，治疗后可以立刻洗脸、化妆，这一点也可以算是水晶磨皮的最大优点。

✿ 海草磨皮

海草磨皮不是化学磨皮方法，而是一种纯天然的治疗方法，对皮肤来讲更加安全。海草具有卓越的保湿能力，并含有丰富的矿物质，能够增加皮肤的弹性，让皮肤变得更加清透。

海草磨皮是在磨皮的时候加入海草粉末，不使用其他化学药品，因此不必担心产生副作用或者后遗症。治疗后，皮肤会像婴儿的皮肤一样柔滑，对化妆品的吸收效果也很好，能给人带来很大的满足感。如果担心一般的化学治疗会有副作用，可以选择海草磨皮，利用海草的天然成分缩小毛孔，同时达到美白的效果。

但是，如果皮肤十分敏感或者容易过敏，就不适合用这种方法了。因为治疗后皮肤会收紧，如果皮肤过薄的话，还是应该选择其他方法进行治疗。

❀ 硅晶磨皮

和海草磨皮相比，硅晶磨皮属于中等强度的磨皮方法，其最大的特点就是恢复速度快。硅晶磨皮时使用杉叶藻提取物，去除过剩的皮脂，可以帮助皮肤形成理想的皮脂膜。如果担心淋巴磨皮方法对皮肤刺激较大，可以选择硅晶磨皮来治疗鸡皮疙瘩，这样既不会对皮肤造成损伤，又可以得到最佳的磨皮效果。

青春期的孩子为脸上密密麻麻的青春痘感到苦恼的时候，很多家长就会告诉他们："青春痘只在青春期才会有，变成大人后，就会自动消失了。爸爸妈妈以前也是一样的……"可是，现在有很多成年人依旧受到青春痘的困扰。所以，"青春痘是青春的标志"，这已经是一种过时的说法了。

不过，就鸡皮疙瘩而言，"长大后就会消失"，这句话的可信度还是较高的。如果因为外观形象，感到内心承受了巨大压力的人士，不妨到皮肤专科医院进行治疗。不过，更好的方法，就是在平时保持皮肤的水润状态，随着年龄的增长，鸡皮疙瘩就会自然而然地消失不见。

恼人的 "蛇皮纹"

身体非常干燥的人,皮肤上会出现像鱼鳞一样的纹路,人们一般把这种纹路称为"蛇皮纹"。大部分人认为,蛇皮纹是由单纯的皮肤干燥引起的角质问题。实际上,蛇皮纹是一种遗传性疾病,是由角质增厚引起的。蛇皮纹的正式名称是"鱼鳞病",是由于位于皮肤角质层以下的颗粒层无法很好地合成蛋白质,无法为皮肤供给水分所引发的症状。一般来说,在双臂、双腿(多为内侧)、手部、脚掌部分出现的比较多,偶尔也会在颈、面、耳朵等部位出现。它和一般的皮肤干燥引起的角质问题是完全不同的。一般的角质,是在皮肤干燥时出现的白色物质,而蛇皮纹则是指皮肤表面干燥,角质变厚,皮肤表面出现鱼鳞或爬行动物鳞片样物质的一种疾病。

鱼鳞病大致可以分为三种。第一种为寻常性鱼鳞病,患者从出生3个月开始,便会在手臂等部位出现小而杂乱的角质;这种鱼鳞病和鸡皮疙瘩一样,很可能长大后就会自然消失。第二种为性联隐性鱼鳞病,和寻常性鱼鳞病相比,它的鳞片面积较大,厚度也会更厚,主要集中在手、脚等部位。最后一种是板层状鱼鳞病,主要集中在颈部周围、面部及耳朵附近;大部分板层状鱼鳞病患者即使长大成人后也不会好转,并且这种疾病只遗传给男孩。

以上三种鱼鳞病,冬天时的症状都会比夏天更加严重。这是因为,根据皮肤的特性,皮肤在冬天的保湿性较差,外界的干燥环境也容易夺去皮肤的水分。天冷的时候,经常蒸桑拿或洗热水澡也会让症状加重。

如果患上鱼鳞病，不仅需要皮肤科的专业治疗，更需要平时的保湿护理。涂抹角质软化剂，症状就可以得到一定程度的好转。平时应该尽量避免使用会造成皮肤干燥的碱性香皂，可以使用弱酸性清洁产品。

很多人认为，使用碱性香皂后会产生皮肤干爽的效果，让人觉得清洗得非常干净。事实上，这样反而会造成皮肤表面的损伤。这种干爽的感觉，正是由于保护皮肤的皮脂消失造成的。皮脂一旦消失，皮肤便会产生紧绷的感觉。因此，想要消除蛇皮纹，应该选择含有天然成分的清洁产品，这样既不会损伤皮肤的保护膜，又可以清除皮肤表面的污垢。

洁面及淋浴后，一定要使用保湿产品，防止皮肤变得干燥。出现蛇皮纹的时候，保湿产品的用量可以增加到平时的1.5倍，最好在皮肤湿润时使用，才能起到最好的效果。如果身体乳液的保湿效果比较差，可以选择膏状的保湿产品，来缓解蛇皮纹的症状。

膏状是介于液体和固体之间的质地，从外表看来虽然感觉较浓稠，但是接触到皮肤以后会立刻被吸收，保湿效果比一般的润肤乳更好。刚开始使用的时候，皮肤会感到有些黏腻，但是皮肤适应之后，便会"爱上"它深度、快速的保湿效果。总之，对待蛇皮纹，最好的方法就是每次洗澡后认真补水，千万不要等到症状严重后，花大量的时间和金钱去进行激光治疗。

护肤课堂16：

遗传性过敏性皮炎
用对方法，改变"遗传"

    遗传性过敏性皮炎成因复杂，治疗起来也不容易。尤为麻烦的是，遗传性过敏性皮炎容易复发，其症状并不会随着患者年龄的增长而逐渐减轻或消失。

徐源静女士是一位家庭主妇，她带着即将入学的女儿来到皮肤科就诊。开始的时候，她不住地叹气，可说着说着，就忍不住流下了眼泪。令她落泪的原因，便是女儿严重的遗传性过敏性皮炎。看着孩子身上被挠得又红又肿，连皮都被挠破的样子，我打心底里理解这位母亲的伤心。

徐女士说，女儿因为遗传性过敏性皮炎就医已经不是第一次了。她曾给女儿使用过其他医院开的软膏，后来医院说需要进行激光治疗。于是，徐女士不顾女儿的恐惧，强拉着她进行了激光治疗，可是效果只维持了很短的时间，并没能让她女儿从根本上摆脱遗传性过敏性皮炎的折磨。

除了到医院就诊，徐女士还给女儿准备了各种对缓解遗传性过敏性皮炎有益的食品、空气净化器、软水机以及广告中介绍的对遗传性过敏性皮炎有效的药物，可是使用后都没有太大的效果。现在，她甚至在考虑，是否要带着女儿搬到空气清新的乡下去住。

徐女士边哭边说，担心会给女儿的身心留下创伤。看着她的样子，我感到非常心痛，不是作为一名皮肤科医生对患者的心疼，而是作为一个母亲对孩子的关爱。

遗传性过敏性皮炎

现在，遗传性过敏性皮炎成了一种十分普遍的疾病。有孩子的家庭，很多都会出现遗传性过敏性皮炎患者。由于人们尚未找到确切的病因以及对症的治疗方法，所以很多人将遗传性过敏性皮炎称为"现代的不治之症"。

遗传性过敏性皮炎"Atopy"一词源于希腊语，原意为"非正常的反应""奇妙的""不知其意的"。就像字面本身的意思一样，遗传性过敏性皮炎是由各种复杂的原因综合在一起形成的，症状的缓解和复发经常反复出现。由于病因复杂多样，治疗起来也非常困难。

直到20世纪80年代，遗传性过敏性皮炎的症状还没有受到重视。人们认为，随着孩子的成长，遗传性过敏性皮炎会自然而然地消失。但是，由于环境因素的影响，加上心理压力、食品安全等影响，很多孩子在成年后，症状仍会持续，甚至出现后天性过敏性皮炎的征兆。

遗传性过敏性皮炎经常出现在面部、手臂弯曲处、膝盖后侧等部位，症状表现为湿疹，久之会让全身肌肤变得粗糙，同时伴随剧烈的瘙痒。造成遗传性过敏性皮炎的原因尚未明确，但是经过研究发现，遗传性因素是其发病的重要原因。徐女士说，可能是其丈夫患有遗传性过敏性皮炎，所以才遗传给孩子，丈夫觉得非常对不起孩子。除此以外，寒冷、干燥、季节变化、空气污染等环境因素也会对遗传性过敏性皮炎造成影响。

如果患上遗传性过敏性皮炎，孩子们常常无法忍耐瘙痒，会用手去抓挠。经常抓挠的部位会流出脓水和血，结痂以后皮肤就会变得十分坚硬粗糙。如果症状严重，会让孩子无法入睡，而且还会让孩子难以集中注意力，难以沉着冷静，对日常生活造成障碍。

长此以往，对孩子性格的形成也会造成不良的影响。曾经有这样的例子，患有遗传性过敏性皮炎的孩子因性格敏感在幼儿园或学校被同学嘲笑，甚至遭到排挤和孤立。患有遗传性过敏性皮炎，患者本身就已经非常痛苦，再被同学嘲笑……看到孩子这样的遭遇，父母的心情可想而知。

一般来说，患遗传性过敏性皮炎的孩子在上小学后症状会逐渐好转，但是有些人度过青春期之后，症状依旧没有改善。有研究表明，这种疾病的遗传性影响极大，如果父母患有过敏性皮炎，孩子患上遗传性过敏性皮炎的概率高达80%以上。在儿童时期患上遗传性过敏性皮炎、过敏性皮炎、哮喘或家族中有遗传性过敏性皮炎的患者，在长大成人后，其遗传性过敏性皮炎的症状往往不易消失。

缓解遗传性过敏性皮炎的最好方法

缓解遗传性过敏性皮炎的最好方法，就是改善患者所处的环境，减少瘙痒症状。平时应注意将室内温度控制在20℃左右，湿度控制在50%~60%。另外，家中的尘螨会令皮炎加重，尘螨主要在地毯、窗帘和被褥中繁殖，因此，应该做好定期清洁工作。如有条件，可以每天用螨虫真空吸尘器清扫屋内的灰尘。

在服装方面，应该尽量选择吸汗性较好的棉质服装。同时，尽量不吃诱发瘙痒的食物。由于外界刺激易使症状加剧，因此应该尽量避免剧烈的温度变化、过度沐浴、用力按压皮肤，尽量不要让皮肤受伤。

此外，不要穿过于紧身的衣服。皮肤干燥会令皮炎加重，所以可以采用以温水擦去身上汗水的方式洗澡，不要使用强力清除皮肤油脂的洗浴产品。洗澡后要保持身体的水润，可以使用精油进行全身按摩，然后涂上保湿乳液或者保湿霜。

 ## 预防遗传性过敏性皮炎的生活守则

（1）夏天出汗以后，如果不及时冲洗干净，汗水浸渍皮肤，会对皮肤造成刺激，加剧瘙痒症状，因此出汗后应该立即冲洗干净。

（2）皮肤会因干燥的空气而变得更加干燥，同时容易诱发皮肤瘙痒或其他皮肤病变，因此应该保持室内适当的温度和湿度。

（3）沐浴的时候最好使用温水，每次20分钟左右，简单淋浴，千万不要用搓澡巾用力地揉搓皮肤。

（4）沐浴的时候尽量使用弱酸性或中性的洗浴产品。沐浴后用毛巾轻轻地拍打身体，拭去多余的水分，然后在3分钟之内涂抹精油或保湿乳液，以保持皮肤的水分。

（5）消除尘螨、化学物质、宠物（包括宠物毛屑）等可能诱发遗传性过敏性皮炎的因素。

（6）不安、紧张、悲伤、愤怒等负面情绪都会加重症状，因此应该训练自己拥有平和的心态，处事更加圆融豁达。

（7）避免食用会引起遗传性过敏性皮炎的食物，应该避免食用牛肉、羊肉，以及所有油腻的、辛辣的、过咸的食物和化学成分较多的快餐食品；蜂蜜、酒、腌制类食物等也应尽量避免，多吃新鲜蔬菜、水果、鸡肉等食物。

（8）要经常在阳光下晾晒寝具，或者每周用热水洗1次。衣服尽量选择纯棉质地的，新买的衣服要洗2次以后再穿，这样可以有效预防遗传性过敏性皮炎。

在遵守以上生活守则的基础上，可以在医生指导下口服抗过敏药，同时把少量的类固醇药物涂抹在皮肤上，这样一来，大部分遗传性过敏性皮炎症状都可以得到很大程度的缓解。一般来说，只要根据专业医生的指导，便可以有效预防口服药物的副作用，家长们大可不必担心。

此外，在治疗遗传性过敏性皮炎的过程中，最应该注意的，就是不要随便使用未经检验的民间疗法。使用这些民间疗法，不但极有可能使症状加剧，还可能引发其他副作用。另外，遗传性过敏性皮炎不是短时间内可以完全治愈的疾病，应该咨询专业的医生，通过持续有效的治疗，才能获得理想的改善效果。

遗传性过敏性皮炎治疗小贴士

问： 有人说只要吃某种食物或者不吃某种食物，就可以起到预防遗传性过敏性皮炎的作用，这是真的吗？

答： 这种说法并不具有普遍性。但是，如果过敏是由于特定食物造成的，不吃这种食物，的确可以起到一定的预防效果。但是，如果造成过敏的原因不明确，或者引起过敏的为综合性原因，单凭吃或不吃某种食物，很难令症状明显好转。有的时候，其他人吃或不吃某种食物有可能具有一定的预防或治疗效果，但是这种做法并不一定适合自己。

问： 长时间洗澡，皮肤会变软，这样是不是代表症状有所缓解呢？

答： 沐浴的时候，皮肤上厚厚的角质会变软，让人感到皮肤变得柔滑了。但是，如果长时间沐浴，会让皮肤变得干燥。应该尽量避免长时间洗澡，每次淋浴不要超过20分钟。此外，淋浴后应该立刻使用保湿产品，防止皮肤干燥。

问： 治疗遗传性过敏性皮炎，替代疗法有没有效果呢？

答： 2009年，韩国小儿过敏呼吸协会发表的论文表明，在接受治疗的933名12岁以下的遗传性过敏性皮炎患者中，有71.5%的患者在进行医院治疗外，同时使用了替代疗法。替代疗法包括沐浴治疗、服用中药、服用保健食品、香氛治疗、按摩、针灸等。

但是，这些替代疗法一般都未经科学认证，极易产生副作用。治疗遗传性过敏性皮炎的根本目标，是保证皮肤的水分供给，同时解决造成遗传性过敏性皮炎加剧的问题，并且减少瘙痒和其他皮肤症状。因此，最基本的治疗方法应该是皮肤保湿，并且根据症状的不同，选择适合的药物。

过敏症

最近，恩美穿上新买的牛仔裤以后，患上了严重的过敏性接触性皮炎。在此之前从未患过皮炎的恩美，成年后却突然患上，这让她感到非常诧异。

> 为了追赶时髦，恩美进行了疯狂的减肥，之后穿上紧身牛仔裤。可是第二天，她整个腿部便开始发红，并伴随剧烈的瘙痒，也没法去上班了。恩美只得来到医院治疗，诊断结果为过敏性接触性皮炎。这是由于衣服在生产过程中使用了一些染料、黏合剂、表面处理材质等，这些成分不断地和恩美的皮肤发生接触，从而引起了皮炎。如果是在穿着牛仔裤以后产生的红疹，则很有可能是由牛仔裤中的褪色原料——次氯酸钠引起的。

当购买新衣服之后，不要马上穿，最好能够清洗一两次再穿，这是有效预防过敏性接触性皮炎的基本原则。另外，衣服干洗后，一定要去掉洗衣店里使用的塑料套，将衣服挂在通风的地方。大部分人都习惯将衣服和塑料套一起挂在衣柜里，这样一来，干洗时残留在衣服上的溶剂便无法挥发，也容易引起皮炎。

另一个重要的方法，就是正确清洗牛仔裤。在购买新的牛仔裤之后，可以在洗涤时往水中加入一汤匙食醋。食醋可以分解牛仔裤中的褪色原料——次氯酸钠。此外，牛仔裤上的金属扣中可能含有镍，而镍也有可能引起皮炎。如果平时戴非纯金的耳环会引起过敏的话，就很可能会对含镍的金属扣过敏。穿紧身牛仔裤时，裤子紧贴腹部和大腿，肚脐周围的汗水会腐蚀扣子、拉链中的金属成分，让过敏反应加剧。为了解决这个问题，在牛仔裤的扣子上涂上透明的指甲油，便可以防止金属成分析出。

为了维持皮肤的健康，最好穿比较宽松的牛仔裤。但是，喜欢赶时髦的年轻女性都钟爱紧身牛仔裤，所以，一定不要忘记使用食醋来洗涤新买的牛仔裤，并且在金属扣上涂透明指甲油，以达到一定的预防过敏的效果。

清洗新买的牛仔裤时，可以加入几滴食醋，用来分解牛仔裤中容易引起皮炎的次氯酸钠。

皮肤问题

究竟是青春痘还是红疹

事实上,皮肤上出现的症状多且复杂,很难明确地进行区分。我们也无须花太多精力区分它们。

不过,如果面部和身体上出现炎症,一定不要不问缘由地随便用手去抓挠。

揭开各种皮肤问题的本质

"我的皮肤不是油性的，却总是长青春痘。"

"50岁以后还会出现青春痘吗？"

以上的提问来自两位同时来医院就诊的患者，他们的脸上都长着凹凸不平的红疹，当然，这些也可能是真正的青春痘。患者的年龄已经超过50岁，而且皮肤类型也属于干性，为什么还会出现青春痘呢？

造成皮肤炎症的原因很多，很多症状看起来和青春痘类似，产生的原因和治疗的方法却存在差异。炎症初期的症状比较容易改善，但是如果不接受专业医生的治疗，症状就会加剧。因此，要仔细区分自己的症状究竟属于青春痘还是其他皮肤炎症。

如果患过严重的青春痘，或者现在正患有青春痘，就更应该注意区分青春痘和皮肤炎症。一般得过青春痘的人，只要脸上长出什么红疹，他们就会认为是青春痘。但是，如果随意断定，并且按照原本治疗青春痘的方法进行治疗，很有可能会产生副作用。因此，在出现症状的时候，首先一定要区分清楚，必要时先就医咨询，再使用相应药物。

❀ 和青春痘类似的毛囊炎

嘴巴周围出现红疹，一眼便可判断是属于毛囊炎。毛囊炎的症状和青春痘类似，发炎时会出现浅黄色的脓水，而毛孔和毛孔周围会发红。

如果胡须或汗毛部位发生炎症，十有八九是毛囊炎。女性的毛囊炎主要集中在腋下部位，在去除腋毛的时候很容易发生。有位患者前不久第一次去除了鼻子下方的汗毛，其炎症有可能是去毛造成的。

相信男性们都有过这样的经历，剃须刀经常清洁不彻底，剃须时很容易划伤面部，这样会对皮肤造成极大的伤害。如果由于去毛造成很大的皮肤问题，还不如干脆到医院进行永久性激光去毛术。

✿ 经常揉眼睛引发的粟粒疹

另一位患者的眼睛周围出现了很多细米粒状的"青春痘"，这种症状称为"粟粒疹"，属于一种皮肤炎症。长过青春痘的患者会先入为主地认为脸上长出的都是青春痘，于是开始使用治疗青春痘的药物。而粟粒疹的患病部位，看起来像有皮脂聚积一样，会同时出现白色或黄色的小突起。

造成粟粒疹的原因，有皮肤摩擦、水疱性疾病、烧伤、磨皮等。在使用粉末状化妆品或者磨砂产品之后，也可能会产生粟粒疹。眼睛周围的粟粒疹一般是由无意识揉眼等习惯造成的。经常揉眼睛不仅会引发粟粒疹，还可能引发黄褐色的疣，甚至造成眼睛下方的黑眼圈，让眼睛皮肤看起来暗沉粗糙。因此，应该尽量纠正揉眼睛的坏习惯。治疗粟粒疹的时候，可以利用激光，像挤掉青春痘一样去除角质颗粒，则可以起到根治的效果，因此粟粒疹算不上什么严重的疾病。

❀. 典型的汗管瘤

汗管瘤是一种容易和粟粒疹混淆的皮肤病。汗管瘤的发病部位一般会出现2～3毫米大小的丘疹，主要集中在眼睛周围、两颊等部位。青春期之后的女性经常会出现这种病症，它属于一种典型的女性皮肤疾病。治疗的时候可以使用不留痕迹的激光治疗，或者选用化学物质的脱皮术治疗。

❀. 面部出现的痤疮样发疹

在面部出现的炎症中，有一种称为痤疮样发疹。这种病症的症状和病名一样，很难和青春痘区分开。但是，和皮脂引起的青春痘不同的是，它是由药物或真菌感染引起的，也可能是化妆品造成的。此外，含有碘和溴酸盐成分的药物也易引起这种红疹。含有这些成分的药物主要有感冒药、祛痰药、镇静剂。

患上痤疮样发疹的时候，皮肤表面不会出现脂肪块形状的面疱，这点和青春痘有很大的差异。除此之外，痤疮样发疹会在几天内突然发病，不过只要找对原因，立刻就可以对症处理，很快痊愈。

净化体内毒素

前面介绍的所有病症，都没有适合个人操作的护理方法。一般轻度的毛囊炎有可能自行痊愈，但是原因不明确、症状逐渐严重的皮肤病，是无法自行痊愈的，一定要寻求专业医生的帮助，才能确保不留下任何的后遗症。

其实，大多数皮肤问题的根源都在于人体内的毒素堆积，只有将体内的毒素排出，才能从根本上解决各种皮肤问题。也许有些人听到"毒"字就觉得是危言耸听，那么不妨自我检测一下，看看你的皮肤"中毒"有多深。

（1）肤色暗沉发黄；

（2）皮肤干燥，粗糙不平；

（3）皮肤抵抗力差，容易过敏；

（4）天气转凉时面部肌肤就会大量出油；

（5）使用了大量美容产品，黑眼圈和眼袋还是很"顽固"。

如果符合上述至少三种情况，说明"中毒"不轻了，排毒工作势在必行。排毒之前，需要搞清楚"毒"从哪里来。人体内的毒素，即人体内的有害物质，它们的形成原因主要有以下五个。

（1）环境：紫外线照射，水污染，电脑、复印机、手机等各种现代办公设备的辐射，导致毒素日积月累地沉积于体内。

（2）食物：肉类食品中的激素，食品和药物中的抗生素，蔬菜、水果中残余的农药成分，高温烹调食物时产生的毒素，食品中的添加剂、防腐剂，快餐、饮料中的甜味剂、味精等。

（3）日常生活中的毒素：香烟、各类清洁用品或家具中释放的有毒物质，如尼古丁、甲醛等。

（4）人体自行产生的毒素：乳酸、尿酸，大肠中的宿便，自由基、氧化脂质等。

（5）精神毒素：压力、偏执、情感问题等。

 ## 排毒养颜蔬果推荐

石榴：富含两种有效的抗氧化物——多酚和花青素，这两种物质都是天然的排毒成分。

苹果：苹果中富含的大量果胶，会吸附肠道中分解的废物，有利于通便排毒。

红薯：天然碱性食物，粗纤维含量高，具有润肠排毒的功效。

胡萝卜：胡萝卜对改善便秘很有帮助，它富含胡萝卜素，可有效抗氧化。新鲜的胡萝卜排毒效果比较好，因为它富含膳食纤维，可以润肠通便，打成汁后加入蜂蜜、柠檬汁，既美味又健康。

木耳：被誉为"素中之荤"，所含有的一种植物胶质，有较强的吸附力，可将残留在人体消化系统的灰尘杂质集中吸附，再排出体外，从而起到清肠排毒的作用。

认清垃圾食品的真面目

　　大多数垃圾食品是办公室一族的最爱。如果经常吃这些食品，一定要注意了！以下十大垃圾食品对人体的危害极大。

❀ 油炸类食品

　　油条、油饼、油炸糕等油炸类食品多在早餐中出现，它们方便、快捷且美味，非常适合工作节奏快的办公一族。当我们轻松享用这些食品时，并没有感觉到大量的热量、油脂和氧化物质也被一同吃进了肚子里。它们会破坏维生素，使蛋白质变性。经常摄取这类食物，容易导致肥胖、高脂血症和冠心病等；并且这些食物在油炸过程中，会产生大量的致癌物质。

❀ 腌制类食品

　　榨菜、腊肉、腊肠、咸鱼等腌制类食品口味独特，尤其是包装简单、便于携带，成为上班族的"家常便饭"。也许你也曾经热衷于食用它们，但是还不了解它们的真面目，这些食品在腌制过程中需要加入大量盐，这会导致其钠盐含量超标，食用后加重肾脏的负担，增高患高血压、肾病的风险。

　　还有，食用腌制类食品后，人体内可生成致癌物质——亚硝胺，会增加鼻咽癌等恶性肿瘤的发病风险。此外，高浓度的盐分可严重损害胃肠道黏膜，因此常进食腌制类食品者，消化系统炎症和溃疡的发病率较高。

🌸 饼干类食品

办公室一族常常食用饼干类（不含低温烘烤和全麦饼干）食品代替早餐或者当零食，这类食品对人体危害极大。其含有的香精、色素、油脂过多，极易对肝脏造成负担，且热量高，营养价值低。

🌸 碳酸饮料

碳酸饮料中含有的磷酸、碳酸，会带走人体内大量的钙；其含糖量也超标，让人喝后有饱腹感，影响正餐摄入量。此外，碳酸饮料中含有大量热量，长期饮用很容易导致肥胖。不喜欢喝白开水的朋友，不妨试试用果蔬汁、蜂蜜水、花茶等代替碳酸饮料。

🌸 罐头类食品

不论是水果罐头还是肉类罐头，其中的大部分营养素都已遭到破坏，特别是各类维生素几乎被破坏殆尽。另外，罐头类食品中的蛋白质常常发生变性，使人体对其消化吸收率大为降低，营养价值大幅度"缩水"。

很多水果罐头中都含有极高的糖分，它们以液体为载体而被摄入人体内，可在进食后极短的时间内导致人体血糖大幅攀升，胰腺负担加重。

🌸 烧烤类食品

烤羊肉串、烧鸡、烤肠等烧烤类食品，它们的主要危害是含有大量三苯四丙吡（三大致癌物质之首）。我们来做一个换算，你就会明白烧烤类食品的毒性了——1只烤鸡腿相当于60支烟的毒性。烧烤会导致蛋白质炭化变性，加重肾脏、肝脏负担。烧烤类食品的致癌率之高也是其最可怕之处。

❀ 加工类食品

肉干、肉松、香肠等简易包装的加工肉类食品里面含有大量防腐剂、增色剂和保色剂，它们会造成人体肝脏负担加重。火腿等加工制品大多为高钠食品，大量进食可导致盐分摄入过高，造成血压攀升及肾功能受损。

❀ 膨化食品

虾条、锅巴、薯片等膨化食品同样属于高盐、高脂、低维生素、低矿物质的食物。一方面，因盐分含量高增加了肾脏负担，容易导致高血压；另一方面，含有一定的人造脂肪，对心血管有相当大的影响，加之含有防腐剂和香精，可能对肝脏也有潜在的不利影响。

❀ 冷冻甜品类

它们的主要危害是含大量奶油，含糖量超标，极易引起肥胖。与此同时，由于温度低，还会刺激胃肠，引起腹痛、腹泻。

❀ 果脯蜜饯类食品

话梅、杏干等食品中含有三大致癌物质之一——亚硝酸盐，且其盐分或糖分过高，含防腐剂、香精。亚硝酸盐在人体内可结合成胺，形成有潜在致癌风险的亚硝胺；香精等添加剂可能损害肝脏等脏器；较高的盐分还可能导致血压升高和肾脏负担加重。

如果经常食用上述食品，就不要再犹豫了，请马上检查自己的食谱并注意身体是否已经出现了一些不适症状。

护肤课堂18：
手足护理
告别"贝壳手"

纤纤玉手，手部护理拒绝
干燥、老化、暗沉。

如果能够像对待面部皮肤一样进行手部皮肤的角质护理，手部会变得更加柔软光滑。

首先将双手放在温水中浸泡5～10分钟，促进手部的血液循环，让坚硬的角质得到软化。

然后使用乳液，从手掌到指尖进行按摩，可以消除肌肉的紧张和疲劳，还能增加手部皮肤的弹性。

"心仪的男生终于握住了我的手，可是，又立刻吃惊地放开了！"不管脸蛋长得多漂亮，如果双手又粗又糙，难免让人感到遗憾。如果想要享受和心爱之人牵手漫步的浪漫时刻，在日常生活中，千万不要疏忽对手部的护理。

医生们的手大部分都比较干燥，那是因为他们经常要接触很多不同类型的病人，需要经常洗手。即使原来的皮肤不是干性的，经过一段时间后，手部也会变得干燥。我从考上医科大学开始，就没怎么对外表花过心思。在医院实习的时候，几乎忙到脸都来不及洗。不过，不管什么时候，我的双手都是十分干净的。提到双手，我还有一段印象深刻的故事。

我有一个女同学，在实习的第二年去参加联谊，认识了一个男生，感觉非常不错，高兴的心情溢于言表。不久之后，他俩便开始谈恋爱。她那时对自己的外表非常在意，每次去和男朋友约会的时候，都会非常注意仪表。她当时的样子，我至今记忆犹新。

可是，意想不到的事情发生了。有一天，她忽然邀我一起去买护手霜。我认为不是什么大事，但是她的表情显得相当沉重。我只好一言不发地与她同行。在商店里，正当店员仔细地为我们介绍护手霜的时候，她忽然转过头来对我说："他说我的手根本不像女孩的手！"说出这句话的时候，她的眼眶里还闪烁着泪花。

那一刻我十分震惊，虽然嘴上说："这样的男人以后不要再见面了。"但是同时低头看看自己的手，也忍不住花"重金"买了一瓶很好的护手霜。自此之后，我便养成随身携带护手霜的习惯。

手部护理

如果没有像我朋友那样的经历，我也只对面部的肌肤比较关心，而对手部护理很少关注。实际上，手部的皮肤比面部的皮肤更加敏感、纤细，更加脆弱。由于皮脂比较少，当遇到冬天的冷风或外部刺激的时候，手部皮肤极易受到损伤。

手皱的现象就是手部的表皮层水分过度流失的信号。因此，我们不仅需要在日常生活中使用护手霜，还需要进行更加细致的手部护理。如果能够像对待面部皮肤一样进行手部皮肤的角质护理，手部就会变得更加柔软光滑。

除了用温水浸泡双手，之后再涂抹乳液进行保养外，还可以用热毛巾包住双手，热敷5分钟左右，让手部的毛孔打开，然后涂抹精华素，为手部提供充足的水分，最后在护手霜中混入营养霜或者精油，敷裹在手上做手膜。手指中间皱纹比较多的指节以及手掌部分，需要进行更加细致的护理。

手部皮肤特别粗糙的人，可以每周进行1次手膜护理。涂上护手霜后，用保鲜膜包裹双手10～15分钟，让双手充分吸收营养。去掉保鲜膜后进行手部按摩，让双手吸收剩余的护手霜成分，可以让双手变得柔软细滑。

各种"问题手"的解决方案

🍀 干燥的"白领女性手"

长期待在空调房的白领女性们总是抱怨皮肤干燥。记住，在关注面部保湿的同时，也不要忽略手部的保养。手部的皮下脂肪少，比面部皮肤要脆弱，干燥的环境和工作带来的疲劳使双手非常容易衰老，产生皱纹。

针对干燥的"白领女性手"，下面提出几条保养建议。

1.一定要用护手霜

含甘油、矿物质的护手霜，特别适合干燥肤质，每次洗手后及时涂上，可补充水分及养分，干燥的指甲边缘一定要顾及。

2.利用休息时间做手部保健操

休息的时候可以来回揉搓、按摩双手，促进血液循环，还有利于摆脱"鼠标手"。

🐦 手部保健操

（1）手掌自然舒展，以手腕为轴，按顺时针和逆时针方向各转动手腕30次。

（2）手握有一定重量的杯子，手掌向上握住杯子，做自然下垂到向上抬起的动作，做30次。

（3）舒展身体各部位并用力展开、收回双手五指，做2～3次。

（4）吸足气后用力握拳，用力呼气，同时快速依次展开五指。

（5）用一手的食指和拇指揉捏另一手各个手指，每个手指揉捏15秒，换另一只手操作。

3.在家中做手部美容护理

忙碌的白领女性们没有时间去美容院给手部做护理，可以在家里自己动手做。首先在手背均匀地涂一层去角质霜，用以去除老化角质。然后涂上手膜，或者将化妆棉浸透滋润精华素后均匀地敷在手背上，戴上塑料手套或者裹上保鲜膜后，再用热毛巾包好。15分钟后将这些全部除掉，冲洗干净，再涂上护手霜。

❀ 迅速变老的"主妇手"

经常做家务的主妇们对手部护理最在意，因为每天打扫房间、做饭、清洗餐具、洗衣服，即使每次打扫完都涂抹护手霜，双手还是迅速地变老了。其中，经常接触化学清洁剂对手部产生的伤害不小，要怎样才能避免呢？

1.选定几副专用的手套

在提重物或搬运粗糙物品时，须戴上厚实耐磨的劳动手套；在接触刺激性液体，如洗洁精、洗衣粉之类时，须戴橡胶手套。

2.做家务、护手两不误

每次做家务前，将护手霜厚厚地涂在双手上，戴上专用塑胶手套或橡胶手套，充分利用时间为双手做保养。

3.彻底清除手上残余的洗洁精、皂类等碱性物质用几滴柠檬水或食醋涂抹在手部，去除残留在肌肤表面的碱性物质，然后抹上护手霜。

❀ 黯黑粗糙的"户外手"

长时间待在户外的人们无法控制恶劣环境对双手造成的伤害，手部皮肤因风吹日晒而变得黯黑粗糙，甚至指甲旁还长满倒刺。这样粗糙的手怎样才能改变呢？

1.去除倒刺的方法

将双手放在温水里浸泡10~15分钟后，用热毛巾轻轻擦掉多余水分，涂上软化膏后，使用专用的手部去死皮工具，将指甲周围的倒刺去除，让指甲边的皮重新生长；然后使用营养护手霜擦涂指甲周围，可以避免皮肤开裂和脱皮的情况。或用含维生素E的营养油按摩指甲四周及指关节，去除倒刺及软化粗皮。

2.养成涂抹护手霜的习惯

具有美白滋润效果的护手霜是首选。另外，将用橄榄油、蜂蜜、柠檬水、面粉自制的天然手膜涂在双手上，20分钟后洗去，也有很好的美白滋润效果。

3.注意均衡饮食

平日应多多食用富含维生素A、维生素E及锌、钙的食物。

❀ 手部护理小贴士

1.正确的洗手方法

（1）使用温水：太热的水会过度去除手部皮肤的油分，诱发湿疹；太凉的水则无法软化皮脂和角质，起不到彻底清洁的作用。

（2）香皂：弱酸性或中性的香皂，护理效果比强碱性的香皂更好。使用美容专用的香皂，有助于双手皮肤保持水润。

（3）护手霜：一定要在平时养成洗手后涂抹护手霜的习惯，尤其是含维生素A的护手霜。如果能够使用具有防晒效果的护手霜，效果会更好。如果有条件，护手霜加热后再使用，皮肤吸收得更好。

注意洗衣服或洗碗的时候，一定要戴上橡胶手套，避免化学洗涤剂直接接触双手。

2.细致的日常护理

（1）剪指甲：将粗糙的指甲剪出想要的形状后，再将指甲末端用指甲锉锉平。

（2）抛光指甲表面：用抛光工具将指甲的表面抛光，使其变得光滑。

（3）推死皮：用去死皮棒轻推指甲周围的死皮层，可以让去死皮工作更加简单。

（4）去除死皮：去除手指第一节指甲周围的死皮，最好使用专门的手部去死皮产品。

（5）涂抹护理精油：洗手，将手上的水分擦干后，在指甲周围涂上护理精油，让指甲周围皮肤变得更加柔软。

（6）用推棒整理倒刺：当手部皮肤表皮软化之后，用推棒轻轻地将倒刺推起。

（7）用美甲钳整理：用美甲钳将推起的倒刺剪干净。

（8）消毒：剪掉倒刺后，对比较容易感染的部位进行消毒。

3.提示

（1）在涂指甲油之前，为了防止色素沉着，一定要使用底层护理油。涂抹底层护理油之后等待5~10分钟，之后再涂指甲油，最后涂抹表层护理油。

（2）护理手部的时候，需要经常涂抹乳液，为手部提供水分和营养。也可以用热毛巾包住双手，将露出的指甲放入柠檬汁中浸泡片刻，让指甲变得更加健康。

（3）指甲油1周要清除1次，才能保证指甲的健康。为了缓解指甲的疲劳，可以用指甲强化剂和护甲精华代替指甲油，还可以抽空进行手部焗油护理。

简单易学的手部按摩

1.手指数数

从拇指开始，一个一个手指轮流进行数数的动作。

2.甩手腕

手腕不要用力，双手均匀用力向左右甩动。

3.每周进行1次手部按摩

（1）手背按摩：将护手霜涂在手背上，然后用另一只手的拇指在手背上一边画圈一边用力地按压。

（2）手指按摩：用一手的拇指和食指按摩另一只手手指的每一节，一边揉一边用力向外拉。

（3）手掌按摩：将手掌展平后，用另一只手的拇指均匀地按压整个手掌。

脚部护理

双脚对人们的重要性绝不亚于双手。在中国古代，人们一度认为小脚就是美丽的标志。

相信大家也曾有关于双脚疼痛的记忆。刚穿的新鞋，没走几步，就会把后脚跟磨得很疼；穿了小一号的鞋子，双脚又疼又肿，走路时十分吃力……双脚的护理和我们的健康有着直接的关系。那么，应该如何进行脚部护理呢？一起来了解一下吧。

如果想要拥有健康的双脚，可以利用睡觉之前或空闲时间，让双脚得到充分的休息。光着双脚走在鹅卵石路或沙子上，可以刺激脚部穴位，对对应的脏器起到很好的保养作用，能够促进我们身体的调节能力、自我恢复能力。

去除脚后跟上的角质，也不仅仅是出于让脚后跟变得干净等美观层面的考虑。为了脚部的皮肤健康，去除角质也是必不可少的工作。千万不要让粗糙的脚后跟藏在鞋袜中，一定要进行去角质护理。如果不进行角质护理，脚部的皮肤就会变得干燥、粗糙，从而加快皮肤的老化。

 脚后跟护理方法

可以使用搓澡巾来摩擦脚后跟，或者在洗脚的时候使用磨砂膏进行护理。

将双脚浸泡在温水里，当厚厚的角质变软之后，可以利用各种工具轻轻摩擦，将角质去除。双脚擦干净之后，以角质比较严重的部位为中心，涂抹乳霜或乳液。

如果走路时间过长导致脚部疲劳，可以通过泡脚来缓解。泡脚的水可以稍热一些，在水中加入几滴食醋，浸泡10分钟以后，再冲洗干净即可。

除此以外，可以时常用拇指按摩脚掌，或将手指放在脚趾之间的缝隙里，一边向外拉扯脚趾，一边刺激脚部。还可以用拳头轻轻敲打脚掌，这样做可以立刻缓解双脚的疲劳。

不得不提的脚气

在脚部护理的过程中，脚气是不得不提的常见脚部疾病。脚气是一种十分普遍的炎症，很多人甚至不认为脚气是一种疾病。实际上，只有患过脚气的人，才能够真正理解其中的痛苦。

睡觉前，在半盆水中加入100～150克醋，水要温热，把脚放入其中泡大约15分钟。长期坚持，定会有意想不到的收获。

29岁的恩美长得十分漂亮，却有一个和外貌十分不相称的外号——"臭脚"。这个外号是同事们给她起的。原因是公司聚餐的时候，同事们闻到了她严重的脚臭（注：日、韩等国的很多餐厅需要顾客脱鞋盘坐）。

除了特别敏感的人，大部分人闻不出自己身体散发出来的气味。恩美也是一样，她认为是穿长筒袜时间过长才引起的脚臭，所以并没有意识到需要进行治疗。她进行脚部护理的方法，也就只有每天洗脚而已。

可是，由于工作需要，她经常要穿正装和高跟鞋。久而久之，她的脚臭变得非常严重，已经无法在别人面前脱鞋，甚至晚上在家洗了脚，臭味也不会消失。过了一段时间，她的脚开始出现瘙痒的症状，她这才意识到问题的严重性，赶紧来到医院进行治疗。然而这时候，她的脚气症状已经很严重了。

　　一般来说，脚气的类型可以分成三种：在脚趾之间形成的"糜烂型脚气"、伴随水疱出现的"水疱型脚气"，以及外形类似角质的"角质型脚气"。很多人会认为脚气的症状不明显而置之不理。但是时间长了，脚气就会慢慢地传染脚指甲甚至手指甲，症状逐渐加重。因此，我们应该在脚气初期便及时进行治疗。

　　但是，脚掌发痒或者产生类似角质的物质，并不一定都是脚气症状。接触性皮炎、脓疱性牛皮癣、足部湿疹等疾病也会产生类似的症状。因此，我们需要通过到医院就诊来准确判断。

根据脚气病菌形态和症状的不同，治疗的方法也各不相同。当确诊之后，应该立刻开始进行治疗。因为脚气的症状会随着时间的推移逐渐加重，二次感染的风险极高，应该尽早治疗。民间流传着涂抹冰醋酸或食醋等治脚气的说法，但是这些方法只能短时间缓解症状，并且容易引起细菌感染等并发症，因此不要随便使用。

涂抹软膏对初期脚气的治疗有一定的效果。当症状比较轻的时候，可以使用抗菌软膏，仔细地涂抹4～8周，便可以治愈。注意需在感染部位处于干燥状态时涂抹软膏，如果患处流脓水，则不要涂抹。

当脚指甲部位出现脚气的时候，也可以配合口服抗菌药，能够起到很好的疗效。服用抗菌药之前，一定要咨询专业医生，咨询能否和其他药物一起服用，会不会对肠胃造成刺激。如果没有医生的指导，乱服药物，很可能会产生副作用，因此要格外注意。

治疗脚气的时候，持续的治疗才能彻底地去除脚气病菌。但是，大多数人在症状稍有好转之后便会中断治疗，这样极易引起复发。当复发和缓解不断反复之后，很多人就会认为脚气是一种顽疾。还有很多人经常使用民间偏方进行治疗。这些偏方很多时候反而会让症状加剧，不要盲目使用。

总之，脚气是一种可以治愈的疾病，只要通过正确的方法，坚持治疗，便可以摆脱其困扰。

每天坚持脚部护理

1.出现脚臭的时候

如果没有患上脚气，但是脚臭十分严重，则可以在温热的洗脚水中加入柠檬。柠檬具有抗氧化作用，可以去除脚臭，同时起到抗菌的作用。

如果这样做仍然不能消除脚臭，可以尝试使用生姜。洗干净双脚后，将生姜碾碎，盖住脚趾。或者将生姜切成薄片，夹在脚趾之间。很多人会因为脚臭，在脚部喷洒香水，这样做不仅不能消除脚臭，还会加剧脚部的恶臭。香水味和脚臭混合在一起，会变成极其难闻的气味。

2.外出时的脚臭护理

如果担心外出时会出现脚臭，可以使用足部喷雾。足部喷雾不仅可以消除脚部的异味，还可以让双脚变得水润、柔软。足部喷雾就像面部的补水喷雾一样，可以为双脚提供营养和水分，让其变得干净清爽，没有异味。

其中，薄荷镇静足部喷雾是一款非常好的产品，它同时具有缓解小腿水肿的功效，可以喷在整个腿部。另外，这款产品在穿着丝袜的时候也仍然有效，十分好用。

如何防止感染脚气

　　一个人是否患有脚气，不仅仅取决于他所接触的真菌数量和病菌致病力的强弱，更重要的是其自身的抵抗力，以及是否给真菌提供了适宜的生存环境。

　　如果发现自己不慎感染上脚气真菌，也不要惊慌，只要严格按照如下方法每日进行护理，很快就可以和脚气说再见。

避免抓挠

　　脚气是一种传染性皮肤病，所以一定要避免抓挠，如不注意，不仅会感染自身其他部位，引起手癣和甲癣等，还会累及身边的家人朋友。有时因为患处被抓破，还会造成继发性细菌感染，引起严重的并发症。脚气患者使用的洗脚盆及擦脚毛巾应自用，切不可混用，以免传染他人。

对所穿鞋袜进行消毒处理

　　在用药治疗的同时，对患者所穿的鞋袜也要进行消毒处理，防止二次感染。患者所穿鞋袜可置于日光下暴晒或用开水烫洗。

改善饮食，增强抵抗力

　　食疗也是一项重要的治疗手段，可以通过改善饮食来达到增强抵抗力的目的。多食用含B族维生素、维生素C和锌的食物，不仅可抑制真菌，防止脚气复发，还能促进细胞再生，增强身体抵抗力。

护肤课堂19：

疤痕
完美肌肤"不留疤"

　　"疤痕疙瘩"的形成，是真皮组织增生、外突而造成的一种皮肤疾病。疤痕的表面发亮，呈现深粉红色或浅褐色，摸起来感觉比较坚硬。根据实际情况不同，有些疤痕处还会出现疼痛和瘙痒。

　　一些比较严重的疤痕则可能会让人产生自卑感。

烫伤留下的疤痕

在日常生活中，我们的皮肤上总会留下一些大大小小的伤痕。心灵上的伤痕，有了"时间"这剂良药，总会逐渐地痊愈；可是，意外事故所带来的身体上的伤却会留下难以抹去的疤痕。有时候，不正确的认识、不当的应急处置，反而会使疤痕越来越严重。作为医生，看到受到疤痕困扰的患者，实在是非常心痛。

身体上留下的疤痕，通常情况下很难彻底消去。这样的疤痕不仅会残留在身体上，还会在我们心中留下更大的影响。尤其是面部等十分显眼的疤痕，一定会给人造成很大的心理压力。这不仅仅是外观上的问题，还会影响人际关系和社会生活，甚至改变人的性格和处世态度。

在一个酷热的夏天，正上中学一年级的芝仁和妈妈一起来到我的诊室。虽然天气炎热，芝仁却依旧穿着长袖衣服。原来在芝仁2岁的时候，她妈妈把刚煮好的方便面放在桌上，转身去拿泡菜的工夫，芝仁就将滚烫的方便面打翻，烫伤了手臂。妈妈赶快脱下她的衣服，用凉水去冲洗烫伤的部位。由于脱衣服的时候方法不当，给芝仁日后留下了"祸根"。

因为方便面太烫，衣服和皮肤粘在了一起，这时候芝仁妈妈强行揭开芝仁的衣服，反而对其皮肤造成二次伤害。虽然当时芝仁妈妈迅速带芝仁到医院进行了治

184

疗，但12年之后，芝仁的手臂上还残留着7厘米长的疤痕。疤痕给正值青春期的芝仁带来了很大的心理压力，不管夏天多么炎热，她都坚持穿长袖衣服。

上中学以后，学校要为每个人做校服，芝仁感到苦闷。她担心露出的疤痕会让她的朋友们渐渐疏远她。尤其是芝仁处于青春期，手臂上的疤痕会让她在异性朋友面前感到尴尬。每到夏天，芝仁就会忍不住对妈妈发脾气，经常突然就大哭起来。看到女儿这个样子，做母亲的自然感到十分心痛。

对于烫伤留下的疤痕，早期处理的方法不同，愈合的速度和后面形成的疤痕大小也有很大的差别。根据烫伤程度的不同，有的时候在家里可以自行处理，不过最好的方法还是到医院进行治疗。不正确的处理会延误治疗时机，护理不当还会让伤势加剧，让疤痕更加严重。

被烫伤后，应该立即用冰水或冰袋为伤口周围降温。冰水可以降低烫伤部位的温度，减少烫伤部位的炎症反应和疼痛，同时防止剩余的高温加重烫伤程度。因此，在烫伤初期，冷却处理比消毒更加重要。第二步就是使用消炎药，避免伤口发炎。如果烫伤部位过大，可以咨询医生再配合服用抗生素，减少细菌感染风险。

用酒或冰处理烫伤是不正确的方法。很多人都认为，白酒中的酒精成分可以降温，同时起到消毒的作用。实际上，用白酒处理伤口达不到理想的效果，更起不到任何消毒作用。而直接敷冰块很容易冻伤烫伤部位。除此之外，涂抹大酱、酱油、芦荟等民间偏方也非常容易引起二次感染，因此不要随便使用。

根据疤痕的种类和不同状态，可以通过皮肤科或整形外科的治疗，让疤痕部位得到改善。即使是像芝仁这种长时间的疤痕，也有很大的改善余地。像芝仁这样的情况，可以使用微针滚轮，截断无秩序的皮肤胶原纤维，帮助皮肤再生，让坚硬的疤痕变得柔软。同时配合极细的激光，穿透疤痕部位的毛孔，诱导真皮层组织重新排列，实现综合疤痕治疗。

通过治疗，可以促进皮肤组织和胶原蛋白的再生，改善疤痕印记，同时促进疤痕部位长出新的组织。随着治疗的进行，疤痕印记会逐渐变淡，芝仁和她母亲的心情自然会变得越来越好。

❀ 温馨小贴士

根据深度、大小、受伤后护理方法的不同，疤痕会呈现出不同的状态。问题在于，想让受伤的痕迹完全恢复到正常皮肤的状态，事实上是不可能的。疤痕不仅涉及美观问题，还因为发生部位的不同，有时会影响关节的正常运动。因此，最需要注意的就是不要受伤。

一旦受伤，应该使用正确的应对方法，尽量减少疤痕的产生。为了让疤痕最小化，在刚受伤时要用流动的水洗净伤口，去除伤口上的脏物，然后尽快到医院接受治疗。尤其是扎伤的部位，如果出现严重的肿胀和疼痛，需要及时到医院注射破伤风药物。

"疤痕疙瘩" 带来的尴尬

现在的成年人，大部分的胳膊上都会留有儿时接种疫苗的疤痕。但是，不同的人留下的疤痕大小和形状各不相同，有的人会留下白色、模糊的疤痕，有的人则会留下黑红色、向外突出的疤痕。

> 想要成为模特的善熙，她的疤痕就属于上述第二种情况。又高又瘦的她走进诊疗室的瞬间，就吸引了我的注意。她说自己从小就希望成为模特，现在正在努力接受专业的培训。促使她来到医院治疗的原因，正是其身上留下的疫苗注射疤痕。她两侧的胳膊上都留下了小指甲盖大小的红色突起状疤痕。时装模特在走秀时，经常需要露出肩膀，这样的疤痕会让自己的形象减分。
>
> 出于这样的担心，她希望能够去除这些疤痕。善熙胳膊上的疤痕，是很多人身上都会出现的疤痕疙瘩，一般都会呈现发红、坚硬的状态。

像善熙这样的疤痕，一般是接种卡介苗，或者剖宫产手术、穿耳洞之后留下的，是典型的疤痕疙瘩。

一般的疤痕疙瘩都有体质倾向，不同的人种会有所不同。皮肤越黑的人越容易出现，尤其在胸部、肩膀、下巴等皮肤比较紧致的部位。虽然没有准确的统计，但是疤痕体质的人群数量不小，并受到遗传因素的影响。

在治疗的时候，可以通过在疤痕部位注射药物，缩小相应组织；或者使用外用药物缩小疤痕。另外，还可以通过色素激光来消除疤痕的红色，缩小疤痕疙瘩。此外，还有一种激光疗法，可以通过在疤痕上穿出无数细小的小孔，来达到去除疤痕的效果。以前医院没有去除疤痕的手术，现在可以通过手术来去除大块的疤痕组织。

不过，身体上一旦出现疤痕疙瘩，是很难彻底去除的。即使是简单的治疗方法，也应该听取专业医生的意见。另外，即使是青春痘或者蚊虫叮咬的小疤痕，也不要随便用手挤或挠，以尽量防止疤痕疙瘩的产生。

有效预防疤痕产生

如今市面上出现了一种湿润贴片，使用这种贴片以后，即使受伤，伤口也不容易结痂，会立刻生出新的皮肤。人身体受伤之后，皮肤为了保护伤口不受外界细菌的侵害，会制造出一种有治疗作用的物质———一种渗出物，即我们常说的"脓水"。

湿润贴片，可以将渗出物聚集在一起，达到隔离外界细菌的作用，让皮肤尽快再生。使用湿润贴片后，受伤的部位会呈现白色，并略微肿起，发出一些"酸味"。有的人不太能接受，但为了拥有干净的皮肤，还是需要忍耐一下贴片带来的不便。

很多人认为，只要是受伤，伤口就一定会结痂。实际上，这是一种不正确的认识。有的时候，在结痂及痂脱落的过程中，反而更容易留下疤痕。因此，尽量避免伤口结痂，才是最正确的伤口处理方法。如果伤口已经结痂，即使程度不严重，也一定不要用手去揭开。一定要等到它自然脱落，才能最大程度上预防疤痕产生。

一般来说，痂会在15天左右自然脱落。如果过了15天还没有脱落，反而会让肌肤产生更大的疤痕。如果伤口周围出现严重水肿或者发热、流脓，很有可能是二次感染。二次感染容易引起各种并发症，因此，如果出现以上症状，一定要及时到医院进行治疗。

当身体受伤以后，一定要维持皮肤的水润状态。因为皮肤在维持水润状态的时候，再生速度比干燥状态下快2倍。

另外，很多人在受伤之后习惯使用红药水，红药水中含有的红汞成分具有极强的消毒功能，不仅可以杀灭有害细菌，还会将细胞的再生成分一起杀死。因此，受伤后应该尽量避免使用红药水，最好使用生理盐水将伤口洗干净。

有人认为，受伤时使用软膏，可以预防伤口干燥，防止伤口感染。但是，如果使用软膏后贴上创可贴，则会造成伤口局部不透气，反而会减慢伤口的愈合速度。因此，受伤后只需薄薄地涂上一层软膏，然后让伤口处于通风状态，能更好地帮助伤口愈合。

有关伤口治疗的错误常识

✿ 应该保持伤口的干燥

　　细胞没有水分就不能生存，尤其是在伤口复原过程中分泌出的渗出物，能够令伤口保持湿润的状态。渗出液属于血液成分中的一种，在炎症产生的时候，会渗到血管外面，保护伤口。

✿ 伤口结痂代表快要愈合了

　　如果可能的话，最好让伤口在不结痂的状态下愈合。因为痂会防止细胞增殖，还会为细菌繁殖提供营养源，容易引起感染。不过，如果已经结痂，就不要去揭开伤口，而是耐心等待它完全脱落。

✿ 多涂药水就会好得快

　　人们对伤口的传统处理方式常是用过氧化氢（俗称"双氧水"）、碘酒、红药水、紫药水将伤口涂得"姹紫嫣红"的，但现代医学认为，这些消毒药水中的成分会破坏肉芽组织，影响白细胞活性。消毒是必要的，但只需用生理盐水等消毒药剂冲拭伤口就好，不需要反复、大量地使用消毒药水。

✿ 伤口必须包得密不透风

　　实际上，伤口的愈合必须有"氧"。氧是伤口肉芽组织生长时必要的条件之一，因此，伤口最好暴露在空气中才可以快速愈合。如果不习惯暴露出来，可以选用透气性比较好的医用纱布或创可贴外敷（贴）。

每天换药比较好

伤口只要保持清洁就好，并不需要每天换药、搽药。频繁换药反而易使伤口受污染，而且会破坏刚刚长好的组织，加重疤痕。

受伤后，要对伤口消毒，然后贴上橡皮膏

消毒药水会妨碍皮肤的再生，还会残留在凹陷的伤口内部。而在贴上或揭开干燥的橡皮膏时会伤害皮肤组织，造成二次受伤。此外，橡皮膏还会阻碍保护伤口、促进伤口恢复的渗出液的吸收，因此受伤时应该尽量避免使用橡皮膏。

外涂软膏对伤口有帮助

如果伤口很深，深到需要缝合的程度，就尽量不要使用软膏。因为缝合后软膏残留在伤口上，不会完全被去除，这样对伤口的愈合没有任何好处。

烧伤时涂酒可以降低伤口温度

酒精降温的速度虽然比水快，但是并没有太好的降温效果，而且也没有任何消毒作用。烫伤之后、就医之前，如果需要采取应急处理的话，只需要用水冲洗降温就足够了。